JN021631

改訂第2版

大学入学共通テスト

数学I・A

予想問題集

代々木ゼミナール数学科講師

佐々木 誠

＊この本は，2020年6月に小社より刊行された『改訂版 大学入学共通テスト 数学I・A予想問題集』の改訂版です。

KADOKAWA

　数ある良書の中からこの本を選んでいただき，ありがとうございます。

　2021年1月に，初めての「大学入学共通テスト」（以下，「共通テスト」）が実施されました。新型コロナウイルス感染症が収まらない中での厳しい試験で，いまも収まっておりません。1日も早く収まるのを願うばかりです。

　さてこの本は，共通テストを受験する予定がある人を対象とし，数学を楽しんで解けるよう構成されています。

　問題は4セット分収録されています。1つ目のセットは，「2021年1月実施　共通テスト・第1日程」です。また，2〜4セット目としては予想問題が3回分収録されています。

　それらの問題には，ていねいな解説（▶設問解説）が収録されています。さらには，大問単位で▶研　　究というコーナーまで設けられており，**設問に関連する内容を掘り下げて説明しています。**この本に収録されている問題を解ききり解説をじっくり読み込んでもらえれば，ライバルに差をつけることができるはずです。

　受験生個々で数学力や目標得点は大きく異なりますので，解説の中にはなかなか理解できないところがあるかもしれません。そういう場合には，**無理して読み進めようとせず，一度該当する単元を勉強し直して再チャレンジしてみてください。**大問，および設問ごとに難易度も示されているので，数学が得意でない人は，まずは 易／やや易／標準 で正解できることを目安としましょう。限界を自分で決めてしまってはいけません。「このレベルは無理！」とあきらめるのではなく，難しい問題でも粘り強く考えましょう。また，**解けた問題でも**▶設問解説 と▶研　　究を参考にしながら**解き直してみると，ちがった見方や発見がある**ことでしょう。

　さまざまな角度から問題を楽しめるのが，数学の醍醐味です。ぜひ楽しみながら考えてください。この本をきっかけとして，志望校合格までの道を突き進んでください。読者のみなさんが共通テストで満足できる結果を残せるよう，健闘を祈ります。

　最後になりましたが，編集などで大変お世話になった㈱KADOKAWAの山川徹氏と村本悠氏に感謝いたします。そして，献身的に支えてくれた妻の亜由美にも感謝します。いままで自分とかかわった生徒や先生方，友人にも感謝します。自分一人の力ではこの本は書けませんでした。

佐々木　誠

改訂第2版 大学入学共通テスト 数学Ⅰ・A予想問題集 もくじ

＊この本は，2021年6月時点での情報にもとづいています。

この本の特長と使い方

【この本の構成】 以下が，この本の構成です。

別　冊

- 「問題編」：2021年に実施された共通テスト・第1日程と，今後出題される可能性が高い内容と形式による予想問題3回分の計4セット分からなります。予想問題では，本番そっくりの形式だけでなく，**すべての「数学Ⅰ・A」学習者が1度は解いておかなければならない重要問題も取り上げています。**

本　冊

- 「分析編」：共通テストの出題傾向を分析するだけでなく，**具体的な勉強法**などにも言及しています。
- 「解答・解説編」：たんなる問題の説明にとどまらず，共通テストの目玉方針である「思考力・判断力・表現力」の養成に役立つ**実践的な説明**がなされています。

【「解答・解説編」の構成】 以下が，大問ごとの解説に含まれる要素です。

- 難易度表示： 易 ／ やや易 ／ 標準 ／ やや難 ／ 難 の5段階です。
- ▶着 眼 点◀：その大問のねらいや出題意図をあぶり出すとともに，**解くために必要な発想**にも触れています。
- ▶設問解説◀：**最も実践的で，なおかつ再現性の高い模範答案**となっています。また，以下の要素も含みます。
  - 補足：関連事項の説明
  - 注意：誤解しやすい点の説明
  - 別解：ほかの解法
- ▶研　　究◀：▶設問解説◀で扱った大問を**俯瞰的にとらえ直しています。重要な公式や考え方もくわしく取り上げています。**また，実際の出題の例題として 追加問題 まで収録し，至れり尽くせりです。

【この本の使い方】 共通テストは，解法パターンを覚えるだけでは得点できない試験です。この本の解説を，設問の正解・不正解にかかわらず**完全に理解できるまで何度も読み返す**ことにより，共通テストが求めている「思考力・判断力・表現力」を身につけましょう。

分 析 編

分析編

解答・解説編

2021年（第1日程）

予想問題・第1回

予想問題・第2回

予想問題・第3回

2021年1月実施　共通テスト・第1日程の大問別講評

　＊併せて，別冊に掲載されている問題も参照してください。

第1問　30点

〔1〕　標準　「**2次方程式**」に関する問題です。(1)は，解が異なる2つの有理数の場合で因数分解するだけです。(2)は，解が異なる2つの無理数の場合で解の公式を用いればよいです。ここまでは，センター試験と同じような出だしでした。しかし，(3)は，解が異なる2つの有理数となる条件を考えなければならず，最初に受験生が戸惑った設問かもしれません。試行調査で出題されていたように，「太郎さん」と「花子さん」の2人の会話文が初登場しました。それが大きなヒントになっているという設定で，会話文を読み取ることによって解答の方針が立てられるかが試されています。

〔2〕　やや難　「**図形と計量**」の問題です。△ABCの外側に正方形が3つあるような設定で，参考図が与えられています。共通テストらしく，正しいものを解答群から選ぶ形式が多くみられます。(1)は，具体的に三角形の面積を求めるだけですから，難しくありません。しかし，(2)以降は，△ABCの辺の長さや角が一般化されており，難しいです。$\sin(180° - \theta) = \sin\theta$の関係式や，余弦定理，正弦定理，三角形の面積の公式を使いこなせないと厳しいです。とくに，(4)の4つの三角形の外接円の半径が最も小さいものを選ぶという設問は，高い思考力が求められています。ただ，実際に図を描いてみると正解が何となくわかり，マーク方式なので答えは出せてしまいます。なお，外接円の半径に関する設問は，第2日程にも出題されています。

第2問　30点

〔1〕　やや難　「**2次関数**」の応用問題です。「太郎さん」が男子短距離100m走の選手として登場する設定の，真新しい出題です。センター試験にはこのような問題は出ていなかったので，共通テストの真骨頂の問題と言っても過言ではありません。初見の用語や関係式に対応できるかどうかが試されています。「ストライド」「ピッチ」の定義を理解して問題を解いていくことになりますが，解答に対して分量が多めです。2次関数の問題ではありますが，複雑な条件設定のもと自分で立式しなければならず，ま

た，小数の計算もあって煩雑です。時間に余裕があれば難しくはありませんが，まるで100m走のような短い試験時間内に解くのはハードです。

〔2〕 標準 都道府県別の就業者数割合に関する，「**データの分析**」の問題です。箱ひげ図，ヒストグラム，散布図を読み取っていけばよく，基本的なことが理解できていれば正解は導けます。しかし，第1次産業から第3次産業まで分類されていたり，問題が多岐にわたり，分量が多めです。必要な情報だけを取り出して解答したいところですが，すんなりとはいかない可能性が高く，時間的に厳しい問題です。

第3問 20点 標準 「**確率**」の問題です。複数の箱からくじを引いた結果から当たりくじを1回だけ引く確率をふまえ，どの箱からくじを引いた可能性が高いかを条件付き確率で考察させます。この問題にも，「太郎さん」と「花子さん」の会話が登場します。会話の内容から，条件付き確率の値はまともに求めなくてもよいというヒントが得られます。設問が進むにつれ，箱の数の設定が増えていきます。どの設問でも計算の方法は同じですが，だんだん煩雑になって考えにくくなります。

第4問 20点 標準 「**整数の性質**」の問題です。円周上にある15個の点の上を一定の規則により動く石の移動先を，1次不定方程式によって考えます。1次不定方程式はセンター試験でも定番の問題でしたが，この問題では石の移動に応用されています。(4)では，最小回数で移動させることを考えますが，冷静な判断力と思考力が試されます。樹形図などでかき出しても正解は導けますが，難しいです。

第5問 20点 やや難 「**図形の性質**」の問題です。三角形と，その外接円，内接円，2辺と外接円に接する円というように3つの円があり，考える過程で図が煩雑になるため，解きにくいです。参考図も与えられていません。この問題では，円の中心の位置がどこにあるかに着目するとよいです。直角が多く出てくるので，三平方の定理や三角比，相似比など，いろいろな解法が考えられます。見た目の分量は少なく感じますが，中身は濃厚です。最後の設問は，4つの点が同一円周上にあるかどうかを調べる正誤問題であり，それまでに導かれた結果をどう使うのかが試されています。

共通テストで求められる学力

【**出題のねらい**】　共通テストでは以下の学力の重要性が強調されています。

❶　解決策を探るための**思考力**
❷　臨機応変に対応できる**判断力**
❸　自分の考えを整理する**表現力**

　これらは，大学入試改革に盛り込まれている3要素です。その改革の中で注目されている学習法が**アクティブ・ラーニング**（学習者が能動的に学習に取り組む学習法）であり，この3要素を育成します。共通テストのねらいは，大学教育の基礎力となる知識および技能や思考力・判断力・表現力がどの程度身についているかを問うところにあります。しかし，この3要素は大学だけでなく，高校でも重視されています。ですから，大学入試は，「**高校教育でねらいとされる力**」と「**大学教育の入口段階で求められる力**」の共通性をふまえているのです。「共通テスト」という試験名には，全国一斉の「共通」テストという意味だけでなく，高校と大学に「共通」する学力をみるテストであるという意味も込められているのでしょう。

　そのような出題のねらいから，共通テストは，公式の丸暗記やパターン学習では通用しません。きちんと数学がわかっていなければ点数はとれません。2021年の共通テストではいままで触れたことがない初見の問題が出ました。ただし，それは，ほとんどの人の手が出ない難問・奇問ではなく，きちんと数学を理解していれば点数がとれる問題です。そのような問題では，**解答にたどり着ける思考力，対応できる判断力，解答が正しいことを説明する表現力**が問われます。

【**問題を解くために**】　共通テストでは，たんに覚えた公式を使って解くというやり方は通用しません。問題が解けることだけではなく，「**数学を正しく理解すること**」が求められているからです。そのために必要な3つの力を，以下のように考えています。

❶　定義・定理・用語を正確に理解し，冷静に問題を解く**数学力**
❷　多角的に問題を分析し，要領よく効率的に問題を解く**技術力**
❸　ケアレスミスせず問題を解ききる**計算力**

　これらの1つでも欠けると，数学はできるようになりません。

分析編

解答・解説編

2021年（第1日程）

予想問題・第1回

予想問題・第2回

予想問題・第3回

❶について：大学入試の基礎となっているのは文部科学省の検定教科書です。そこに書かれている定義・定理・用語を正しく理解することが，学習の基本中の基本です。それができていないと「問題の意味がわからない」ということが起きてしまいます。また，限られた試験時間内に焦らず落ち着いて問題を解く力も必要です。地道に一つひとつ集中して解く経験を重ねていってください。ふだんからしっかり勉強していれば，このような力はおのずとついてきます。いい加減に勉強している人ほど，試験場で手が止まってしまうのです。

❷について：数学では答えが１つに決まりますが，その過程はさまざまです。いろいろな角度から問題を解くことが大切です。たとえば，「10円玉の形は？」と聞かれたら「円」と答える人がほとんどだと思いますが，真横から見ると長方形に見えますよね。このように，見方を変えるとちがったものが見えてくることがよくあります。また，工夫すれば複雑な計算式が楽になることもあります。要領よく効率的に問題を解くことも必要なのです。このような技術はパターン学習では絶対に身につかないので，ふだんから，**答えを出して納得するのではなく，「別の解法はないか」とか「工夫して解けないものか」と考えながら解くことが大切**です。その中から最適な解法を見つけてください。

❸について：計算力は体力のようなものです。スポーツでは体力がないとどうしようもないのと同様，数学でも計算力がないとどうしようもありません。2次関数では平方完成などの計算ができないと困りますし，確率では分数の計算が必要です。問題によっては複雑な計算式になることがあるので，それをミスせずに解ききる計算力も必要です。共通テストは計算ミスを1つしたら部分点がないマーク式なので，大きな失点につながります。方針が立ち解き方もわかっているのに計算ミスやケアレスミスで失点してしまう人がいますが，マーク式だと白紙答案と同じ扱いになってしまいます。ふだんから，**解く方針が立ったからといってそこで手を止めず，最後まで計算して答えを出しましょう**。そして，どのような問題にも対応できる，足腰がしっかり鍛えられた計算力を身につけてください。

共通テスト対策の具体的な学習法

　マーク式の対策しかやっていないと，数学の問題を解くことよりもマークシートの数字を埋めることのほうに気が向いてしまうので，数学の力はさほど伸びません。もちろん共通テストでも高得点は望めないでしょう。その点，記述式だといいかげんな理解では解答は白紙になってしまうので，**記述式の対策を採れば，答えを出すだけではなく，解答にたどり着くまでの根拠とプロセスを必然的に意識することになります**。その結果，マーク式での得点力も伸びていくのです。だから，記述試験が導入されないとしても，共通テストで高得点を望むなら記述式の試験として対策を立てるべきです。ただし，共通テストには独特の出題形式があるので，記述式の対策を採りつつも，マーク式にも慣れてください。「共通テストはマーク式だから，なんとかなるだろう」などと甘くみてはいけません。

　共通テストは，適当にマークしただけでは点がとれない試験です。ですから，共通テストで高得点をとりたければ，記述式問題が出題される国公立大2次試験や私立大入試までを視野に入れて取り組むべきです。

　以下，勉強の仕方を具体的に説明していきます。

教科書の内容を正しく理解する：これが基本中の基本です。**教科書の内容を理解したかどうかは，単元ごとに載っている章末問題が解けるかどうかでわかります**。自力で解けるのであれば問題ありません。解けないのであれば教科書がまだ理解できていないことを意味するので，再度解き直してください。

　また，それでも気になる人は，**自分で理解した内容を自分以外のだれかに説明してみてください**。きちんと説明できるなら理解できているはずです。自分が数学の先生になったつもりで友達に教えたり，独りで「エア授業」をしてみたりするのもアリかもしれません（ただし，エア授業は人のいないところでやってください）。日ごろから，覚えたものはたんに頭に入れるだけでなく，それを表現するよう訓練しておいてください。実際，共通テストでは会話形式が出題されています。もしかしたら，あなたがほかの人に教えたときの会話と同じ内容が，共通テスト本番に出るかもしれません。まれに，「数学A」が選択問題だからといって，「確率」「整数」「図形」のうちの2単元しか学習しない人がいます。でも，本番では勉強しなかった単元で最も易しい問題が出るかもしれません。**できる限り，すべての単元を学習しておきましょう**。11ページからの「単元別の学習法」に詳細を書いています。

演習をこなす：演習を多くこなすことも大事です。ただし，問題数をたんにこなすのではなく，答えを出したら別の解法を考えたりとじっくり試行錯誤して解いてください。また，共通テスト関連の模擬試験などを積極的に受験してみるのも効果的かと思います。共通テストと同じ試験範囲の2015〜2020年度のセンター試験の過去問で演習するのも1つの方法です。ただし，センターは共通テストの形式と少し異なっているので，共通テストだったらこういう出題になるだろうなと，意識しながら解くと効果的だと思います。

　もちろん，本書掲載の「2021年1月実施　共通テスト・第1日程」と「**予想問題**」3回分でしっかり演習すべきであることは言うまでもありません。

解説をすぐに見ない：**やってはいけないのが，時間の無駄だからといって，できない問題の解説をすぐに見てしまうことです。**自分で考えずにただ解説をながめたとしても，わかった気になるだけで力はつきません。

　たとえば，プロ野球の試合を見るだけで野球ができるようにはなりませんよね。野球は，実際に自分でバットを振ったり，ボールを取ったり投げたりしなければできるようにはなりません。それと同じで，プロの指導者が書いた解説をながめているだけでは数学ができるようにはなりません。できない問題にたいしても，自分がもっているベストの力で考えぬいてください。そのうえで解説を見ると，理解はぐんと深まります。

　数学は，すぐにできるようになるものではありません。1日1日を大切に，日々精進してください。

単元別の学習法

【数と式】

「数と式」は，数学の問題を解くうえで土台となる単元です。基本的な計算はもちろん，因数分解などの式変形もしっかりできるようにしなければなりません。実数の性質，有理数・無理数の理解はもちろん，根号（ルート）や絶対値は，正しく理解して，なおかつ式変形も正確にできるようにすることが必要です。また，1次不等式などの変形も正確にできる必要があります。やることは多いですが，慣れるまで演習しておきましょう。

【集合と論証】

「集合と論証」は数学の基本となる分野です。教科書をしっかり熟読しておきましょう。とくに，必要条件・十分条件は大事です。集合は，記号の意味がわからないと問題も解けないので，定義から正しく理解する必要があります。論証は，問題を解くうえで必要不可欠な考え方ですから，きちんと学習しておきましょう。

【2次関数】

2次方程式の解の公式と判別式は，正確に扱える必要があります。また，2次関数のグラフを描くことが重要です。この分野ではグラフを意識して解いてください。平方完成や因数分解の正確な計算，頂点や軸の方程式・凹凸の瞬時の理解が必要とされます。グラフを見ればどのような値をとるかが把握できるので，最大値や最小値，2次方程式がどのような解をもつのかもわかりますし，2次不等式も解けます。共通テストでは，グラフを描けば2次関数のほとんどの問題は解けると言っても過言ではありません。

【図形と計量】

正弦（サイン），余弦（コサイン），正接（タンジェント）の理解と，三角比を扱ううえで定石となる余弦定理・正弦定理，三角形の面積，内接円の半径などの公式は，成り立つ理由も理解して，確実に使えるよう練習しておきましょう。今後は，2021年度の共通テストにあったような複雑な図形問題がまた出題されそうなので，いろいろなタイプの問題で演習を積んでおきましょう。

【 データの分析 】

　図の読み取りが頻出です。とくに，ヒストグラム，箱ひげ図，散布図が定番なので，これらの図から特徴的な情報が取り出せるようにしておきましょう。また，最頻値・中央値，平均値，分散，標準偏差，共分散，相関係数についても，それぞれの名称を覚えるだけではなく，何を意味しているかまで把握し，公式を使いこなせるようにしておきましょう。また，教科書にはあまり載っていませんが，変量変換ができるようにしておくと有利なので，念のため学習しておくとよいでしょう。

【 場合の数と確率 】

　場合の数は，区別の有無を意識して，順列や組合せなどの基本事項をおさえておきましょう。確率は，なんとなく計算するのではなく，定義からきちんと理解してください。この分野は，とくに問題文の読み間違いが起こりやすい単元なので，日ごろから，問題の状況をしっかり把握して，図や表などを用いて情報を整理しながら解く練習をしておきましょう。

【 整数の性質 】

　センター試験では毎年のように出題され，2021年度の共通テストでも出題された1次不定方程式を重点的に学習しておきましょう。また，約数・倍数に関する性質，割り算と商，余りに関する性質など，整数の基本的な性質もしっかり理解しておきましょう。ユークリッドの互除法や記数法も，基本的な問題なら解けるくらいのレベルまで演習しておくとよいでしょう。パターン暗記だけでは限界がある単元なので，日ごろからじっくり考えて問題を解きましょう。

【 図形の性質 】

　円がからむ問題が最頻出ですので，円に関連した方べきの定理，円周角の性質などを使えるようにしておきましょう。また，三角形の外心・内心・重心・垂心の定義も理解しておく必要があります。チェバの定理やメネラウスの定理などの基本定理もおさえておくべきです。平面図形の出題頻度が高そうですが，空間図形の分野も，念のため対策しておきましょう。経験値がものをいう単元なので，いろいろなタイプの問題で演習する必要があります。

2021年1月実施 共通テスト・第1日程 解答・解説

問題番号(配点)	解答記号	正解	配点	問題番号(配点)	解答記号	正解	配点
第1問(30)	$(アx+イ)(x-ウ)$	$(2x+5)(x-2)$	2	第3問(20)	$\dfrac{ア}{イ}$	$\dfrac{3}{8}$	2
	$\dfrac{-エ \pm \sqrt{オカ}}{キ}$	$\dfrac{-5 \pm \sqrt{65}}{4}$	2		$\dfrac{ウ}{エ}$	$\dfrac{4}{9}$	3
	$\dfrac{ク \pm \sqrt{ケコ}}{サ}$	$\dfrac{5 + \sqrt{65}}{2}$	2		$\dfrac{オカ}{キク}$	$\dfrac{27}{59}$	3
	シ	6	2		$\dfrac{ケコ}{サシ}$	$\dfrac{32}{59}$	2
	ス	3	2		ス	③	3
	$\dfrac{セ}{ソ}$	$\dfrac{4}{5}$	2		$\dfrac{セソタ}{チツテ}$	$\dfrac{216}{715}$	4
	タチ	12	2		ト	⑧	3
	ツテ	12	2	第4問(20)	ア	2	1
	ト	②	1		イ	3	1
	ナ	⓪	1		ウ, エ	3, 5	3
	ニ	①	1		オ	4	2
	ヌ	③	3		カ	4	2
	ネ	②	2		キ	8	1
	ノ	②	2		ク	1	2
	ハ	⓪	2		ケ	4	2
	ヒ	③	2		コ	5	1
第2問(30)	ア	②	3		サ	③	2
	$イウx + \dfrac{エオ}{5}$	$-2x + \dfrac{44}{5}$	3		シ	6	3
	カ.キク	2.00	2	第5問(20)	$\dfrac{ア}{イ}$	$\dfrac{3}{2}$	2
	ケ.コサ	2.20	3		$\dfrac{ウ\sqrt{エ}}{オ}$	$\dfrac{3\sqrt{5}}{2}$	2
	シ.スセ	4.40	2		$カ\sqrt{キ}$	$2\sqrt{5}$	2
	ソ	③	2		$\sqrt{ク}r$	$\sqrt{5}r$	2
	タとチ	①と③(解答の順序は問わない)	4(各2)		$ケ-r$	$5-r$	2
	ツ	①	2		$\dfrac{コ}{サ}$	$\dfrac{5}{4}$	2
	テ	④	3		シ	1	2
	ト	⑤	3		$\sqrt{ス}$	$\sqrt{5}$	2
	ナ	②	3		$\dfrac{セ}{ソ}$	$\dfrac{5}{2}$	2
(注)　第1問，第2問は必答。第3問〜第5問のうちから2問選択。計4問を解答。					タ	①	2

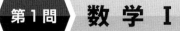
 ① 2次方程式 標準

着眼点

(1) 左辺を因数分解して2次方程式の解を求める。解は異なる2つの有理数になる。

(2) 2次方程式の**解の公式**を用いる。解は異なる2つの無理数になる。2つの解のうち大きいほうの整数部分 m も求める。

(3) **有理数**は $\dfrac{整数}{整数}$ の形で表せる実数である。有理数の解をもつ正の整数 c の個数を求めるが，会話文が大ヒントになっている。

設問解説

c を正の整数とする。
$$2x^2 + (4c-3)x + 2c^2 - c - 11 = 0 \quad \cdots\cdots ①$$

(1) 易

$c=1$ のとき，（①の左辺）$= 2x^2 + x - 10 = \left(\boxed{2}_{ア} x + \boxed{5}_{イ}\right)\left(x - \boxed{2}_{ウ}\right)$

①は $(2x+5)(x-2) = 0$ であるから，解は $x = -\dfrac{5}{2},\ 2$

(2) やや易

$c=2$ のとき，①は $2x^2 + 5x - 5 = 0$

解は $x = \dfrac{-\boxed{5}_{エ} \pm \sqrt{\boxed{65}_{オカ}}}{\boxed{4}_{キ}}$

大きいほうの解を α とすると $\alpha = \dfrac{-5 + \sqrt{65}}{4}$

$$\frac{5}{\alpha} = \frac{20}{\sqrt{65}-5} = \frac{20(\sqrt{65}+5)}{(\sqrt{65}-5)(\sqrt{65}+5)} = \frac{20(\sqrt{65}+5)}{65-25}$$

$$= \frac{\boxed{5}_{ク} + \sqrt{\boxed{65}_{ケコ}}}{\boxed{2}_{サ}}$$

分析編

解答・解説編

2021年（第1日程）

予想問題・第1回

予想問題・第2回

予想問題・第3回

別解 $2a^2 + 5a - 5 = 0$ を満たすので，両辺を a で割って $2a + 5 - \dfrac{5}{a} = 0$

すなわち $\dfrac{5}{a} = 2a + 5 = 2 \cdot \dfrac{-5 + \sqrt{65}}{4} + 5 = \dfrac{\boxed{5}_{\text{ク}} + \sqrt{\boxed{65}}_{\text{ケコ}}}{\boxed{2}_{\text{サ}}}$

$64 < 65 < 81$ であるから $8 < \sqrt{65} < 9$

これより $\dfrac{5 + 8}{2} < \dfrac{5 + \sqrt{65}}{2} < \dfrac{5 + 9}{2}$ であるから $(6 <) \dfrac{13}{2} < \dfrac{5}{a} < 7$

よって $m < \dfrac{5}{a} < m + 1$ を満たす整数 m は $m = \boxed{6}_{\text{シ}}$

(3) やや難

①の判別式を D とすると，

$$D = (4c - 3)^2 - 8(2c^2 - c - 11) = -16c + 97$$

①の解は $x = \dfrac{-4c + 3 \pm \sqrt{D}}{4} = \dfrac{-4c + 3 \pm \sqrt{-16c + 97}}{4}$

①の解が異なる 2 つの有理数であるならば，①が異なる 2 つの実数の解をもつ必要があるから $D > 0$ より

$$-16c + 97 > 0$$

すなわち

$$c < \dfrac{97}{16} \left(= 6 + \dfrac{1}{16} \right)$$

c は正の整数より $c = 1,\ 2,\ 3,\ 4,\ 5,\ 6$

条件は，D が整数なので n を正の整数として $D = n^2$ と表されることである。

このとき，①の解は $x = \dfrac{-4c + 3 \pm \sqrt{n^2}}{4} = \dfrac{-4c + 3 \pm n}{4}$ となるから，異なる 2 つの有理数である。

$c = 1,\ 2,\ 3,\ 4,\ 5,\ 6$ でそれぞれ①の解を調べて，異なる 2 つの有理数の解であるものに○をつけることにすると，次のようになる。

分析編

解答・解説編

2021年(第1日程)

予想問題・第1回

予想問題・第2回

予想問題・第3回

c	D	①の解	
1	$81 = 9^2$	$x = \dfrac{-1 \pm 9}{4} = -\dfrac{5}{2},\ 2$	○
2	65	$x = \dfrac{-5 \pm \sqrt{65}}{4}$	
3	$49 = 7^2$	$x = \dfrac{-9 \pm 7}{4} = -4,\ -\dfrac{1}{2}$	○
4	33	$x = \dfrac{-13 \pm \sqrt{33}}{4}$	
5	17	$x = \dfrac{-17 \pm \sqrt{17}}{4}$	
6	$1 = 1^2$	$x = \dfrac{-21 \pm 1}{4} = -5,\ -\dfrac{11}{2}$	○

　よって，①の解が異なる 2 つの有理数であるような正の整数 c の個数は，上表の○の数より $\boxed{3}$ ヌ 個である。

▷研　究

2次方程式

　2次方程式の解に関する問題。c は正の整数であるが，c の値により解が有理数になったり，無理数になったりする。共通テストの目玉である会話文もいきなり登場するが，解くための大ヒントになっている。

(1)　2次方程式の解を求めるが，左辺を因数分解するだけである。ちなみに，解は異なる 2 つの有理数となる。

(2)　2次方程式の解を求めるが，解答の形に根号があることにも注意して 2 次方程式の**解の公式**を用いる。ちなみに，解は無理数となる。

　　大きいほうの解を α とすると，$\dfrac{5}{\alpha}$ の値は　$\alpha = \dfrac{-5 + \sqrt{65}}{4}$　を代入，分母を有理化して求めることができる。別解は　$2x^2 + 5x - 5 = 0$　に $x = \alpha$ を代入することで関係式をつくり，$\dfrac{5}{\alpha}$ を導いている。この解法だと有理化しなくても求めることができる。

　　後半に求める m は $\dfrac{5}{\alpha}$ の整数部分である。設問解説 では不等式で変形したが，マーク方式なので，$\sqrt{65} \fallingdotseq \sqrt{64} = 8$　として　$\dfrac{5}{\alpha} = \dfrac{5 + \sqrt{65}}{2} \fallingdotseq \dfrac{5 + 8}{2} = \dfrac{13}{2} = 6.5$　と

なり $6 < \dfrac{5}{\alpha} < 7$ とみなせるので，$m = 6$ としてもよい。

(3) 共通テストの目玉である会話文が，ここで初登場となった。解が異なる 2 つの有理数であるような正の整数 c の個数を数えるが，会話文の花子さんの発言が大ヒントを与えてくれている。解の公式の根号の中に着目すればよかった。

▶設問解説 では根号の中を判別式 D としたが，D は平方数になる必要がある。ちなみに，D は正の有理数の 2 乗の形でもよい。

たとえば $\sqrt{\dfrac{4}{9}} = \sqrt{\left(\dfrac{2}{3}\right)^2} = \dfrac{2}{3}$ のように，根号をはずして有理数になることもある。本問では，D は正の整数なので，自然数の 2 乗の形にしかならない。

c は正の整数なので，**▶設問解説** のように必要条件から範囲を絞っていくとよい。

$c = 1, 2, 3, 4, 5, 6$ と絞れるので，それぞれで D の値を調べるとよい。注意として，D が平方数でも，たとえば x の係数が無理数ならば，解が有理数にならないこともある。

試験会場では 2 つの有理数の解を求めなくてもよいが，**▶設問解説** では表に解を具体的に書いておいた。念のため，本問では関係なかった場合だが，$D = 0$ のときは異なる 2 つではなく，ただ 1 つの有理数の解になるので注意しておくこと。

ここで，次の問題を追加しておこう。

┌─**追加問題**─────────────────────────────
│ ①が自然数の解をもつような正の整数 c の個数は □ 個である。
└───

《解答例》

①が自然数の解をもつには①が実数の解をもつ必要があるから，$D \geqq 0$ より，

$$-16c + 97 \geqq 0 \quad \text{すなわち} \quad c \leqq \dfrac{97}{16}\left(= 6 + \dfrac{1}{16}\right)$$

c は正の整数より $c = 1, 2, 3, 4, 5, 6$

有理数の解をもつ必要があるから，本問と同じで $c = 1, 3, 6$（これ以外は自然数の解をもたない）と絞られ，実際に解を求めると **▶設問解説** の表のようになるから，自然数の解をもつのは，$c = 1$ のみで，$\boxed{1}$ 個

（$c = 3, 6$ は整数の解をもつが，自然数ではない）

分析編

解答・解説編

2021年（第1日程）

予想問題・第1回

予想問題・第2回

予想問題・第3回

2 図形と計量 やや難

着眼点

(1) 三角形の面積を求めるが，∠BAC ＋ ∠DAI ＝ 180° である。じつは，△ABC と △AID の面積は等しい。

(2) 3 つの正方形の辺の長さがわかるので，面積はすぐに求められる。*A* が**鋭角**，**直角**，**鈍角**になる条件を考える。

(3) 三角形の面積の大小関係を考える。(1)がヒントになっている。

(4) 4 つの三角形の**外接円**の半径のうちで最も小さいものを考える。2 つの辺の長さが等しい三角形を考えれば，残りの辺の長さで大小関係がわかる。**正弦定理**を考えるとよい。

設問解説

BC ＝ *a*，CA ＝ *b*，AB ＝ *c*
∠CAB ＝ *A*，∠ABC ＝ *B*，
∠BAC ＝ *C*
($0° < A < 180°$，$0° < B < 180°$，
$0° < C < 180°$）

正方形 ADEB は 1 辺の長さが *c*，正方形 BFGC は 1 辺の長さが *a*，正方形 CHIA は 1 辺の長さが *b*

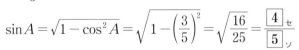

(1) やや易

$0° < A < 180°$ より $\sin A > 0$

$\cos A = \dfrac{3}{5}$ のとき，

$$\sin A = \sqrt{1 - \cos^2 A} = \sqrt{1 - \left(\dfrac{3}{5}\right)^2} = \sqrt{\dfrac{16}{25}} = \boxed{\dfrac{4}{5}}\ {}_{\text{セ}}^{\text{ソ}}$$

$b = 6$，$c = 5$ のとき，

$$（\triangle\text{ABC の面積}) = \dfrac{1}{2} \cdot \text{AB} \cdot \text{AC} \cdot \sin A = \dfrac{1}{2} \cdot 5 \cdot 6 \cdot \dfrac{4}{5} = \boxed{12}\ {}_{\text{タチ}}$$

∠DAB ＝ ∠CAI ＝ 90° であるから ∠BAC ＋ ∠DAI ＝ 180°
すなわち ∠DAI ＝ 180° － *A*

ここで $\sin(180° - A) = \sin A = \dfrac{4}{5}$

$$（\triangle\text{AID の面積}) = \dfrac{1}{2} \cdot \text{AD} \cdot \text{AI} \cdot \sin(180° - A) = \dfrac{1}{2} \cdot 5 \cdot 6 \cdot \dfrac{4}{5} = \boxed{12}\ {}_{\text{ツテ}}$$

(2) **やや難**

3つの正方形BFGC，CHIA，ADEBの面積をそれぞれS_1，S_2，S_3とすると，1辺の長さがそれぞれa，b，cであるから，

$$S_1 = a^2, \quad S_2 = b^2, \quad S_3 = c^2$$

これより $S_1 - S_2 - S_3 = a^2 - b^2 - c^2$ ……①

△ABCの辺の長さに着目して，

$0° < A < 90°$ のとき $a^2 < b^2 + c^2$ より，

$S_1 - S_2 - S_3 < 0$ 　②ト

$A = 90°$ のとき $a^2 = b^2 + c^2$ より，

$S_1 - S_2 - S_3 = 0$ 　⓪ナ

$90° < A < 180°$ のとき $a^2 > b^2 + c^2$ より $S_1 - S_2 - S_3 > 0$ 　①ニ

別解 △ABCに余弦定理を用いて，

$$a^2 = b^2 + c^2 - 2bc\cos A$$

すなわち $a^2 - b^2 - c^2 = -2bc\cos A$ ……②

①，②より $S_1 - S_2 - S_3 = -2bc\cos A$

・$0° < A < 90°$ のとき $\cos A > 0$ であるから $S_1 - S_2 - S_3 < 0$

　②ト

・$A = 90°$ のとき $\cos A = 0$ であるから $S_1 - S_2 - S_3 = 0$ 　⓪ナ

・$90° < A < 180°$ のとき $\cos A < 0$ であるから，

$$S_1 - S_2 - S_3 > 0 \quad ①ニ$$

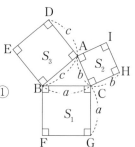

(3) **標準**

$\angle IAD = 180° - A$，$\angle EBF = 180° - B$，$\angle GCH = 180° - C$

△AID，△BEF，△CGHの面積をそれぞれT_1，T_2，T_3とする。

このとき，△ABCの面積をSとすると，

$$T_1 = \frac{1}{2}bc\sin(180° - A) = \frac{1}{2}bc\sin A = S$$

$$T_2 = \frac{1}{2}ca\sin(180° - B) = \frac{1}{2}ca\sin B = S$$

$$T_3 = \frac{1}{2}ab\sin(180° - C) = \frac{1}{2}ab\sin C = S$$

よって $T_1 = T_2 = T_3 (= S)$ 　③ヌ

(4) やや難

△ABC, △AID, △BEF, △CGH の外接円の半径をそれぞれ R, R_1, R_2, R_3 とおき，そのうち最も小さいものを求める。

• $0° < A < 90°$ のとき

$$90° < 180° - A < 180°$$

∠BAC $= A$, ∠DAI $= 180° - A$ であるから ∠DAI $>$ ∠BAC

AB $=$ AD $= c$, AC $=$ AI $= b$ であるから，△AID と △ABC において，内角が大きい対辺が長いことを考えて ID $>$ BC ②ネ

△AID, △ABC に正弦定理を用いて，

$$\frac{ID}{\sin(180° - A)} = 2R_1$$

$$\frac{BC}{\sin A} = 2R$$

$$\sin(180° - A) = \sin A, \ ID > BC$$

であるから，

$$R_1 > R \quad ② \text{ノ} \quad \cdots\cdots ③$$

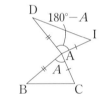

D 180° − A

I

A

A

B C

• $0° < A < B < C < 90°$ のとき

上と同様に考えて，△BEF と △ABC，△CGH と △ABC から，

$$R_2 > R \quad \cdots\cdots ④$$

$$R_3 > R \quad \cdots\cdots ⑤$$

③，④，⑤より，

最も小さい外接円の半径は R

よって，外接円の半径が最も小さい三角形は △ABC ⓪ハ

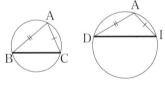

A

B C

A

D I

• $0° < A < B < 90° < C$ のとき

$0° < A < B < 90°$ ならば③，④が成り立つ。

$90° < C$ ならば $0° < 180° - C < 90°$ であるから ∠ACB $>$ ∠GCH

これより，△CAB と △CGH において AB $>$ GH

すなわち $R > R_3$ $\cdots\cdots ⑥$

③，④，⑥より，

最も小さい外接円の半径は R_3

よって，外接円の半径が最も小さい三角形は △CGH ③ヒ

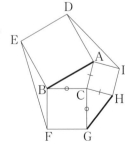

D

E

A

I

B

C

H

F G

分析編

解答・解説編

2021年(第1日程)

予想問題・第1回

予想問題・第2回

予想問題・第3回

▶研 究

図形と計量

　三角形とその辺を含む 3 つの正方形に関する**三角比**の問題。図が与えられているので，それをみるとよい。長さと角度に着目して問題を解いていく。

　正方形は 4 つの辺がすべて同じ長さであることから，頂点を共有する三角形の 2 つの辺は同じ長さになる。たとえば，$\triangle ABC$ と $\triangle ADI$ は頂点 A を共有するが，$AB = AD = c$，$AC = AI = b$ のようになる。

　正方形は 4 つの内角がすべて 90° であることから　$\angle BAC + \angle DAI = 180°$，$\angle ABC + \angle EBF = 180°$，$\angle BCA + \angle GCH = 180°$　であることもわかるので，$\triangle ABC$ と $\triangle ADI$ の関係は，$\triangle ABC$ と $\triangle BEF$ や $\triangle ABC$ と $\triangle CGH$ でも同じように成り立つ。

　ここでは，さりげなく　$\sin(180 - \theta) = \sin\theta$　が成り立つことを使う。

(1)　$b = 6$，$c = 5$　とすると　$b > c$　なので問題文にある図とはちがうが気にせず，計算するとよい。

　設問解説 では　$\cos^2 A + \sin^2 A = 1$　の関係を用いたが，$\cos A = \dfrac{3}{5} > 0$　より A は鋭角であるから，右図を考えて，

$$\sin A = \frac{4}{5},\ \tan A = \frac{4}{3}$$

のようにすぐに求めることもできる。この直角三角形の比は **第5問** にも出てきている。

　「数学 I」に，次のような問題もあったので追加しておく。

追加問題

　$b = 6$，$c = 5$，$\cos A = \dfrac{3}{5}$　のとき，正方形 BFGC の面積は ☐ である。

〔2021 年度　共通テスト・本試験（数学 I ）〕

《解答例》

　$\triangle ABC$ に余弦定理を用いて，

$$a^2 = b^2 + c^2 - 2bc\cos A = 6^2 + 5^2 - 2\cdot 6\cdot 5\cdot\frac{3}{5} = 25$$

　よって，正方形 BFGC の面積は　$\boxed{25}$

(2)　$S_1 - S_2 - S_3 = a^2 - (b^2 + c^2)$ は $\triangle ABC$ の 3 つの辺の長さの関係となる。

　a^2 と $b^2 + c^2$ の大小関係は，A が**鋭角**，**直角**，**鈍角**によってかわる。

　これは，図形的に求めることができる。

　A が直角のときを考えると，**三平方の定理**から　$b^2 + c^2 = a^2$　の関係がわかる。

これをもとにして，b，c の値は固定し，A を 90° より小さくすると a は小さくなる

ので $b^2 + c^2 > a^2$, A を 90° より大きくすると a は大きくなるので $b^2 + c^2 < a^2$
のようになる。

別解 では △ABC に**余弦定理**を用いている。

△ABC の内角 A に対して, $\cos A = \dfrac{b^2 + c^2 - a^2}{2bc}$, $2bc > 0$ であるから,

- A が鋭角 $(0° < A < 90°)$ ならば $\cos A > 0 \iff b^2 + c^2 > a^2$
- 直角 $(A = 90°)$ ならば $\cos A = 0 \iff b^2 + c^2 = a^2$
- 鈍角 $(90° < A < 180°)$ ならば $\cos A < 0 \iff b^2 + c^2 < a^2$

これらのことをまとめると, 下の表のようになる。

$0° < A < 90°$ (A は鋭角)	$A = 90°$ (A は直角)	$90° < A < 180°$ (A は鈍角)
$\cos A > 0$	$\cos A = 0$	$\cos A < 0$
$b^2 + c^2 > a^2$	$b^2 + c^2 = a^2$	$b^2 + c^2 < a^2$

(3) (1)で △ABC と △ADI が同じ面積になることに気づけばよかったが, 設問解説 のように $T_1 = T_2 = T_3 (= S)$ である。

なお, 六角形 DEFGHI の面積も立式できるので, 問題を追加しておく。

┌─ 追加問題 ─────────────────────────────

どのような △ABC に対しても, 六角形 DEFGHI の面積は b, c, A を用いて,

$$2\{b^2 + c^2 + bc(\boxed{})\}$$

と表せる。

$\boxed{}$ の解答群

⓪ $\sin A + \cos A$　　① $\sin A - \cos A$　　② $2\sin A + \cos A$

③ $2\sin A - \cos A$　　④ $\sin A + 2\cos A$　　⑤ $\sin A - 2\cos A$

〔2021年度 共通テスト・本試験 (数学Ⅰ)〕
─────────────────────────────────────┘

分析編

解答・解説編

2021年(第1日程)

予想問題・第1回

予想問題・第2回

予想問題・第3回

△ABC に余弦定理を用いて,

$$S_1 = a^2 = b^2 + c^2 - 2bc\cos A$$

$$S_2 = b^2, \ S_3 = c^2$$

$$T_1 = T_2 = T_3 = S = \frac{1}{2}bc\sin A$$

よって, 六角形 DEFGHI の面積は,

$$S_1 + S_2 + S_3 + T_1 + T_2 + T_3 + S$$

$$= b^2 + c^2 - 2bc\cos A + b^2 + c^2 + 4 \times \frac{1}{2}bc\sin A$$

$$= 2\{b^2 + c^2 + bc(\sin A - \cos A)\} \quad \boxed{①}$$

(4) ∠BAC + ∠DAI = 180° であるから ∠BAC, ∠DAI のうち一方が鋭角ならば他方は鈍角になる。鈍角のほうが鋭角より大きい角になる。

▶設問解説 では2つの辺の長さが同じなので, 大きい角に対する対辺のほうが長いとしたが, △AID と △ABC にそれぞれ**余弦定理**を用いてもわかる。

$$ID^2 = b^2 + c^2 - 2bc\cos(180° - A) = b^2 + c^2 + 2bc\cos A$$

$$BC^2 = b^2 + c^2 - 2bc\cos A$$

これらをひいて,

$$ID^2 - BC^2 = 4bc\cos A$$

$0° < A < 90°$ のとき $\cos A > 0$ であるから,

$$ID^2 - BC^2 > 0 \quad \text{すなわち} \quad ID^2 > BC^2$$

よって $ID > BC$ となる。

また, $90° < A < 180°$ のとき $\cos A < 0$ であるから, $ID < BC$ となる。

外接円の半径の大小関係については図からわかりそうだが, **▶設問解説** では**正弦定理**を用いた。

△ABC の外接円の半径 R を基準にして大小関係を考えれば, 最も小さい**外接円**の半径は定まる。

$0° < A < B < C < 90°$ ならば A, B, C はすべて鋭角である。

③, ④, ⑤が成り立ち, R は R_1, R_2, R_3 のどれよりも小さいので, R が最小になる。

$0° < A < B < 90° < C$ ならば A, B は鋭角で, C は鈍角になる。

③, ④, ⑥が成り立つので, R は R_1, R_2 より小さいが, R は R_3 よりは大きいから R_3 が最小となる。

最後に，ほぼ同じ問題ではあるが，「数学Ⅰ」の試験に**内接円の半径**に関する問題があったので追加しておく。

```
┌ 追加問題 ┐

　△ABC，△AID，△BEF，△CGH のうち，内接円の半径が**最も大き**
い三角形は，

　　• $0° < A < B < C < 90°$　のとき，　| ア |　である。

　　• $0° < A < B < 90° < C$　のとき，　| イ |　である。

　| ア |，| イ |　の解答群（同じものを繰り返し選んでもよい。）

　⓪　△ABC　　①　△AID　　②　△BEF　　③　△CGH
```

〔 2021 年度　共通テスト・本試験（数学Ⅰ）〕

《解答例》

　△ABC，△AID，△BEF，△CGH の内接円の半径をそれぞれ r, r_1, r_2, r_3 とおき，そのうち最も大きいものを求める。

　三角形の内接円の半径は，三角形の面積と 3 つの辺の関係から，

$$r = \frac{2S}{a+b+c}$$

$$r_1 = \frac{2T_1}{\mathrm{ID}+b+c}$$

　$0° < A < 90°$　のとき　(4)から　$\mathrm{ID} > a$　すなわち　$\mathrm{ID}+b+c > a+b+c$
　$S = T_1$　であるから　$r_1 < r$　……⑦

• $0° < A < B < C < 90°$　のとき
　上と同様に考えて，△BEF と △ABC，△CGH と △ABC から，

　　$r_2 < r$　……⑧

　　$r_3 < r$　……⑨

　⑦，⑧，⑨より，最も大きい内接円の半径は r
　よって，内接円の半径が最も大きい三角形は △ABC　| ⓪ |ア

• $0° < A < B < 90° < C$　のとき
　$0° < A < B < 90°$　なので⑦，⑧が成り立つ。
　$90° < C$　ならば　$0° < 180° - C < 90°$　であるから　$r < r_3$　……⑩
　⑦，⑧，⑩より，最も大きい内接円の半径は r_3
　よって，内接円の半径が最も大きい三角形は △CGH　| ③ |イ

分析編

解答・解説編

2021年（第1日程）

予想問題・第1回

予想問題・第2回

予想問題・第3回

① ②次関数 やや難

着眼点

　問題文が長いので，必要な情報を取り出す。出てくる用語の定義を理解し，関係式をつくる。

(1)　タイム，ストライド，ピッチの関係式をつくる。単位に着目するとわかる。

(2)　関数を設定する問題。**変域**に注意して，最後は**2次関数の最大値**を求める問題に帰着させる。

設問解説

$$\text{ストライド}(\text{m/歩}) = \frac{100\,(\text{m})}{100\text{mを走るのにかかった歩数}\,(\text{歩})}$$

$$\text{ピッチ}(\text{歩/秒}) = \frac{100\text{mを走るのにかかった歩数}\,(\text{歩})}{\text{タイム}\,(\text{秒})}$$

(1)　標準

　ストライドを $x\,(\text{m/歩})$，ピッチを $z\,(\text{歩/秒})$ とすると，
100 m を走るのにかかった歩数を $w\,(\text{歩})$，タイムを $t\,(\text{秒})$ として，

$$x = \frac{100}{w}$$

$$z = \frac{w}{t}$$

これらをかけて　$xz = \dfrac{100}{w} \cdot \dfrac{w}{t} = \dfrac{100}{t}$

よって，1秒あたりの進む距離，すなわち平均速度は　$\dfrac{100}{t} = \boldsymbol{xz}\ (\text{m/秒})$

② ア

これよりタイムは　$t = \dfrac{100}{xz}$　……①

(2)　やや難

　表より　$(x,\ z) = (2.05,\ 4.70),\ (2.10,\ 4.60),\ (2.15,\ 4.50)$

　z を x の1次関数と仮定したとき，xz 平面のグラフは直線になりその傾きは，

$$-\frac{0.1}{0.05} = -2$$

点 $(2.10, 4.60)$ を通るので，直線の方程式は，

$$z = -2(x - 2.1) + 4.6$$
$$= -2x + 8.8$$
$$= \boxed{-2}_{イウ} x + \frac{\boxed{44}_{エオ}}{5} \quad \cdots\cdots ②$$

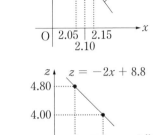
傾き-2

$z \leqq 4.80$ と仮定すると，②から，

$$-2x + 8.8 \leqq 4.8 \quad \text{すなわち}$$
$$2 \leqq x \qquad x \leqq 2.40$$

と合わせて，

$$\boxed{2}_{カ}.\boxed{00}_{キク} \leqq x \leqq 2.40$$

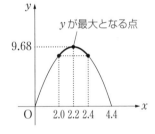
$z = -2x + 8.8$

平均速度を y とおくと $\quad y = xz$

②を代入して，

$$y = x(-2x + 8.8)$$
$$= -2x^2 + 8.8x$$
$$= -2(x - 2.2)^2 + 9.68$$

$2.00 \leqq x \leqq 2.40$ の範囲で y が最大になる

のは $\quad x = \boxed{2}_{ケ}.\boxed{20}_{コサ}$

y が最大となる点

y の最大値は $\quad 9.68 = \dfrac{242}{25}$

別解 $\quad y = -2x(x - 4.4)$

$y = 0$ として $\quad x = 0,\ 4.4$

この 2 つの x の平均がグラフの頂点の x 座標になる。

よって，y が最大になるのは $\quad x = \boxed{2}_{ケ}.\boxed{20}_{コサ}$

y の最大値は $\quad y = -2 \cdot 2.2(2.2 - 4.4) = 9.68 = \dfrac{242}{25}$

このときピッチは，②から $\quad z = -2 \cdot 2.2 + 8.8 = \boxed{4}_{シ}.\boxed{40}_{スセ}$

また，このときタイムは，①により，

$$t = \frac{100}{y} = \frac{2500}{242} = \frac{1250}{121} = 10.333\cdots \fallingdotseq \mathbf{10.33} \quad \boxed{③}_{ソ}$$

分析編

解答・解説編

2021年（第1日程）

予想問題・第1回

予想問題・第2回

予想問題・第3回

研　究

2次関数の応用

　短距離100m走に関する陸上競技の問題。ストライド，ピッチの用語が何かは単位をみて判断できるだろう。ストライドとは1歩あたり何m進んだかということであり，歩幅を考えている。また，ピッチは1秒あたり何歩進んだかということである。1歩あたりの歩幅を大きくすると，その1歩に時間はかかる。つまり，ストライドが大きいとピッチは小さくなる。タイムをよくするようにストライドやピッチを考える問題であった。内容を理解して立式していけばよい。

(1)　▶設問解説◀ では文字において説明したが，単位を考えるとすぐにわかる。

$$\frac{\text{m}}{\text{秒}} = \frac{\text{m}}{\text{歩}} \cdot \frac{\text{歩}}{\text{秒}}$$

　　1秒あたりの進む距離（平均速度）はストライドとピッチの積である。

　　たとえば，1歩につき2m，1秒あたり4歩で走るならば1秒あたりの進む距離は $2 \times 4 = 8$ (m)　である。

(2)　z は x の1次関数とみるので，xz 平面に図示すると直線になる。傾きと通る点を考えると，関係式が導ける。

　　y は x の2次関数なので，平方完成するか因数分解をしてグラフをイメージするとよい。式は小数か分数のどちらで変形してもよい。

　　太郎さんのストライドの最大値は2.40，ピッチの最大値は4.8であるが，それぞれの最大値をとるのは $(x, z) = (2.40, 4.00), (2.00, 4.80)$　である。

　このときの平均速度 xz はいずれも9.60となり，

　　タイムは　$\dfrac{100}{xz} = \dfrac{100}{9.60} \fallingdotseq 10.42$ (秒)

　　　ソ　の選択肢にこの値もあったが，これが最もよい値ではない。これよりもタイムがよくなるのが ▶設問解説◀ のとおりであり，10.33 (秒)であった。

　太郎さんは100mを10秒台で走る記録が出せそうで，オリンピックをめざせる選手なのだろう。

28

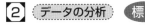

② データの分析　標準

着眼点

図から必要な情報を読み取る。

(1) **箱ひげ図**から読み取れることとして正しくないものを2つ選ぶ。

(2) 適切な**ヒストグラム**を選ぶ。箱ひげ図と対応して考える。

(3) **散布図**から**相関**の強さを調べる。

(4) 就業者数割合の「男性」を「女性」にかえて，正しい散布図を選ぶ。

設問解説

(1) 標準

　⓪～⑤のうち，図1から読み取れることとして正しくないものを2つ選ぶ。

　①について，第1次産業の就業者数割合の箱ひげ図をみて左側のひげの長さと右側のひげの長さを比較すると，1990年や2000年，2010年は，右側のひげが左側のひげより長いので，どの時点においても左側のほうが長いことは正しくない。

　③について，第2次産業の就業者数割合の第1四分位数は，箱ひげ図から1975年度より1980年度のほうが増加していることがわかる。また，1985年度より1990年度のほうが増加していることもわかる。すなわち，あとの時点になるに従って減少していることは正しくない。

　⓪，②，④，⑤については正しい。

　よって，正しくないものは　①，③　タ，チ

分析編

解答・解説編

2021年（第1日程）

予想問題・第1回

予想問題・第2回

予想問題・第3回

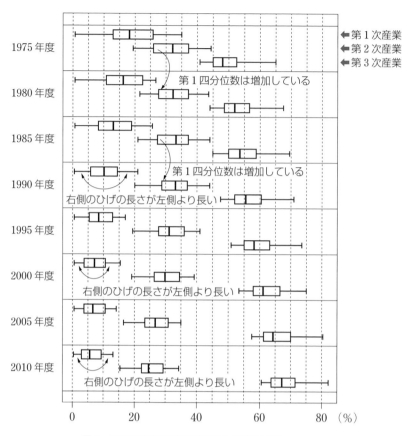

図1 三つの産業の就業者数割合の箱ひげ図

(2) 標準

ヒストグラムの左が第1次産業，右が第3次産業になっているもので適切な年度のものを選ぶ。

1985年度におけるグラフについて，図1の箱ひげ図より1985年度は第1次産業の最大値が25から30だとわかるので，⓪，②，④は不適だとわかる。これより，適切なものは①か③に絞られる。

図1の箱ひげ図より，1985年度は第3次産業の最小値が45だとわかるが，ヒストグラムは左側の数値を含むので，最小値40を含む棒があるから③は不適。

よって，1985年度におけるグラフは ①。

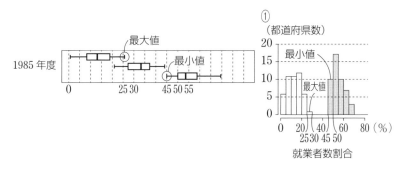

1995 年度におけるグラフについて，図 1 の箱ひげ図より 1995 年度は第 1 次産業の最大値が 15 以上 20 未満より，⓪，①，③は不適だとわかる。これより，適切なのは②か④に絞られる。

図 1 の箱ひげ図より，1995 年度は第 3 次産業の 47 都道府県の中央値は $\dfrac{47-1}{2}+1=24$ より，小さいほうから 24 番目になる。箱ひげ図より，1995 年度の中央値は $55 \sim 60$ の間にある。ヒストグラムで 24 番目がどこに入るかをみると，②は 60 以上 65 未満，④は 55 以上 60 未満である。

よって，1995 年度におけるグラフは　④ テ

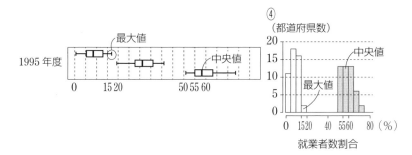

分析編

解答・解説編

2021年（第1日程）

予想問題・第1回

予想問題・第2回

予想問題・第3回

(3) やや易

　図 2 のグラフが 1975 年度，図 3 のグラフが 2015 年度のものである。相関係数の絶対値が大きくなったことを意味するので，相関係数が -1 か 1 に近くことである。つまり，散布図の点が直線に近い形になることである。

（I）　都道府県別の第 1 次産業の就業者数割合と第 2 次産業の就業者数割合の間の相関が弱くなっているので，誤り。

（II）　都道府県別の第 2 次産業の就業者数割合と第 3 次産業の就業者数割合の間の相関が強くなっているので，正しい。

（III）　都道府県別の第 3 次産業の就業者数割合と第 1 次産業の就業者数割合の間の相関が弱くなっているので，誤り。

　よって，正しいものは　⑤。

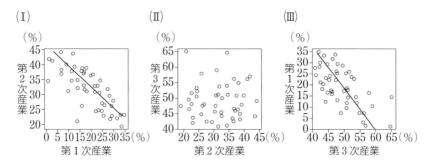

図 2　1975 年度の散布図群

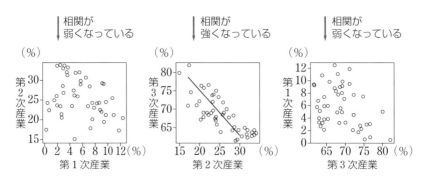

図 3　2015 年度の散布図群

(4) やや難

各都道府県の男性の就業者数と女性の就業者数を合計すると就業者数全体になることに注意し、「男性の就業者数割合」が y ％ならば「女性の就業者数割合」は $(100 - y)$ ％になる。

すなわち、男性と女性の就業者数割合は、50 ％に関して対称になる。

図4の散布図で縦軸を「男性の就業者数割合」から「女性の就業者数割合」に変更した散布図を求めるが、横軸を x 軸、縦軸を y 軸とすると、点 (x, y) の値が点 $(x, 100 - y)$ になる。つまり、直線 $y = 50$ に関して点が対称移動される（散布図には直線 $y = 50$ は目盛りがないので図示はできない）。男性女性を合わせた散布図の縦軸は、41 から 59 の間に分布する。

たとえば、点 $(1, 58)$ 付近にある点は $(1, 42)$ 付近になる。

よって、 ②

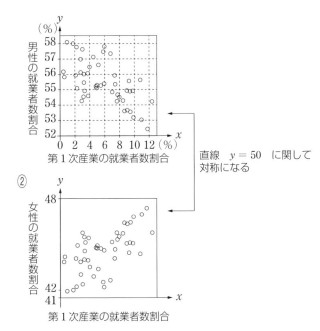

直線 $y = 50$ に関して対称になる

分析編

解答・解説編

2021年（第1日程）

予想問題・第1回

予想問題・第2回

予想問題・第3回

研 究

データの分析

　47 都道府県別の第 1 次産業，第 2 次産業，第 3 次産業の「就業者数割合」に関するデータの問題。分量が多いので，必要な情報を手早く取り出さなければならない。それぞれの産業が何かを理解しなくても問題は解けるが書いておくと，第 1 次産業は農業・林業と漁業，第 2 次産業は鉱業，建設業と製造業，第 3 次産業は前記以外の小売業やサービス業（通信や IT）などである。時代とともに第 3 次産業が伸びているのがイメージされるが，問われていることをデータからきちんと読み取ろう。

⑴　年度ごとに**箱ひげ図**が 3 段階で与えられていて，上から第 1 次産業，第 2 次産業，第 3 次産業となっている。箱ひげ図からは，**最大値，最小値，第 1 四分位数，第 2 四分位数**（中央値），**第 3 四分位数**などがわかる。念のため箱ひげ図を確認しておくと，以下のとおりである。

箱ひげ図

　最小値，第 1 四分位数 Q_1，第 2 四分位数 Q_2（中央値），第 3 四分位数 Q_3，最大値，（平均値）の値を長方形（**箱**）と線（**ひげ**）を用いて 1 つの図にかいたものを，

　　　　箱ひげ図

といい，次のように表される。

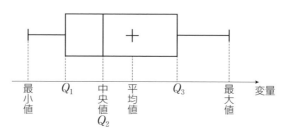

注意　平均値は省略されることが多い。

　なお，⓪にある四分位範囲とは第 3 四分位数と第 1 四分位数の差 $Q_3 - Q_1$ のことであり，箱の幅と同じである。試験会場では正しくないものを 2 つ選んですぐ次に行くべきだが，演習時には，選んでいないものが正しいことも確認しておきたい。

⑵　**ヒストグラム**とは棒グラフのことである。選択肢のヒストグラムから選ぶので，図 1 の箱ひげ図の特徴に注目して調べていく。

　　第 1 次産業の箱ひげ図からは最大値の階級を調べると選択肢が絞れるだろう。1985 年度の第 3 次産業の最小値は箱ひげ図からは 45 だとわかるが，問題文に「各階級の区間は，左側の数値を含み，右側の数値を含まない」とあるので，45 以上の50 未満の棒が最小値を含んでいるものを選ぶとよい。

1995 年度の第 3 次産業は微妙なちがいだが，中央値をみるとよい。中央値は箱ひげ図の箱の中の線が表している。47 の都道府県なので，中央値は小さいほうから 24 番目である。これは 47 個のデータから 1 個を除いて 2 つに分けると，$\dfrac{47-1}{2}=23$（個）　ずつになり，小さい順に並べて，$23+1=24$（番目）　が中央値となることからわかる。

　一般に，a を奇数として，a 個のデータの中央値は小さいほうから $\dfrac{a-1}{2}+1=\dfrac{a+1}{2}$（番目）　である。

　1985 年度が①，1995 年度が④であったが，それ以外は⓪が 1990 年度，②は 2000 年度，③が 1980 年度のヒストグラムだと考えられる。

(3) 問題文にあるように「相関が強くなった」とは，**相関係数**の絶対値が大きくなったことである。相関係数の範囲は -1 以上 1 以下なので，-1 や 1 に近ければ，つまり絶対値が 1 に近づけば，相関は強くなる。相関が強いと，**散布図**の点は直線に近い形になることから判断するとよい。

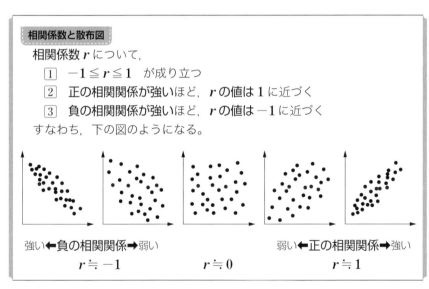

相関係数と散布図

相関係数 r について，

1　$-1 \leqq r \leqq 1$　が成り立つ

2　正の相関関係が強いほど，r の値は 1 に近づく

3　負の相関関係が強いほど，r の値は -1 に近づく

すなわち，下の図のようになる。

強い←負の相関関係→弱い　　弱い←正の相関関係→強い
$r \fallingdotseq -1$　　　　　$r \fallingdotseq 0$　　　　　$r \fallingdotseq 1$

(4) 就業者数割合の「男性」を「女性」にかえただけである。男性と女性の就業者数割合は，合わせると 100 ％になる。たとえば，男性の就業者数割合が 58 ％ならば，女性の就業者数割合は 42 ％となる。男性の就業者数割合が y ％ならば，女性の就業者数割合は $(100-y)$ ％となる。そのことから，縦軸は 50 ％のラインで対称になる。設問の都合で目盛りは省略されていたが，縦軸の目盛りはだいたいわかる。男性の就業者数割合は図 4 の散布図から 52 ％から 59 ％に収まっているので，女性の就業者数割合の解答の散布図は 41 ％から 48 ％に収まっている。

確 率 標準

着 眼 点

(1) 3回中ちょうど1回当たりくじを引く確率は**反復試行**の確率である。
条件付き確率は，定義どおり求める。

(2) 箱Aと箱Bを選ぶ確率がどちらも $\frac{1}{2}$ であることに注意する。

(3) 箱A，箱B，箱Cを選ぶ確率がいずれも $\frac{1}{3}$ であることから，(2)と同様に考えられるとよい。

(4) 箱A，箱B，箱C，箱Dを選ぶ確率がいずれも $\frac{1}{4}$ なので，同様に考えることができる。
大小関係は選択肢から絞ることができる。

設問解説

(1) 標準

「当たりくじ」ではないくじを「はずれくじ」ということにして，

箱	A	B
当たりくじを引く確率	$\frac{1}{2}$	$\frac{1}{3}$
はずれくじを引く確率	$\frac{1}{2}$	$\frac{2}{3}$

(i) 各箱で，くじを1本引いてはもとに戻す試行を3回繰り返したとき，箱Aにおいて，3回中ちょうど1回当たる確率は，

$$_3C_1 \cdot \frac{1}{2}\left(\frac{1}{2}\right)^2 = \boxed{\frac{3}{8}}_{\mathcal{P},\mathcal{I}} \quad \cdots\cdots①$$

箱Bにおいて，3回中ちょうど1回当たる確率は，

$$_3C_1 \cdot \frac{1}{3}\left(\frac{2}{3}\right)^2 = \boxed{\frac{4}{9}}_{\mathcal{D},\mathcal{I}} \quad \cdots\cdots②$$

(ii) 箱 A が選ばれる事象を A，箱 B が選ばれる事象を B，3回中ちょうど1回当たる事象を W とすると，

$$P(A \cap W) = P(A) \cdot P_A(W) = \frac{1}{2} \times \frac{3}{8} = \frac{3}{16}$$

$$P(B \cap W) = P(B) \cdot P_B(W) = \frac{1}{2} \times \frac{4}{9} = \frac{2}{9}$$

これより

$$P(W) = P(A \cap W) + P(B \cap W) = \frac{3}{16} + \frac{2}{9} = \frac{27}{144} + \frac{32}{144} = \frac{59}{144}$$

よって，3回中ちょうど1回当たったとき，選んだ箱が A である条件付き確率 $P_W(A)$ は，

$$P_W(A) = \frac{P(A \cap W)}{P(W)} = \frac{\dfrac{27}{144}}{\dfrac{59}{144}} = \boxed{\frac{27}{59}}_{\text{オカ, キク}}$$

また $P_W(B) = \dfrac{P(B \cap W)}{P(W)} = \dfrac{\dfrac{32}{144}}{\dfrac{59}{144}} = \boxed{\dfrac{32}{59}}_{\text{ケコ, サシ}}$

別解 $P_W(A) + P_W(B) = 1$ より，

$$P_W(B) = 1 - P_W(A) = 1 - \frac{27}{59} = \boxed{\frac{32}{59}}_{\text{ケコ, サシ}}$$

(2) **標準**

$$P(A) = P(B)\left(= \frac{1}{2}\right) \text{ である。}$$

$$\frac{P_W(A)}{P_W(B)} = \frac{\dfrac{P(A \cap W)}{P(W)}}{\dfrac{P(B \cap W)}{P(W)}} = \frac{P(A \cap W)}{P(B \cap W)} = \frac{P(A) \cdot P_A(W)}{P(B) \cdot P_B(W)}$$

$$= \frac{P_A(W)}{P_B(W)} = \frac{①}{②}$$

よって，$P_W(A)$ と $P_W(B)$ の比は，①の確率と②の確率の比に等しい。 $\boxed{③}_{\text{ス}}$

分析編

解答・解説編

2021年（第1日程）

予想問題・第1回

予想問題・第2回

予想問題・第3回

(3) 標準

箱	A	B	C
当たりくじを引く確率	$\dfrac{1}{2}$	$\dfrac{1}{3}$	$\dfrac{1}{4}$
はずれくじを引く確率	$\dfrac{1}{2}$	$\dfrac{2}{3}$	$\dfrac{3}{4}$

　各箱で，くじを1本引いてはもとに戻す試行を3回繰り返したとき，箱Cにおいて，3回中ちょうど1回当たる確率は，

$$\mathstrut_3C_1 \cdot \frac{1}{4}\left(\frac{3}{4}\right)^2 = \frac{27}{64} \quad \cdots\cdots ③$$

(2)と同様の事象を考えると，選んだ箱がAである条件付き確率 $P_W(A)$ は，箱Cが選ばれる事象を C として，

$$P_W(A) = \frac{P_A(W)}{P(W)} = \frac{P_A(W)}{P_A(W) + P_B(W) + P_C(W)}$$

$$= \frac{①}{① + ② + ③} \quad \text{であるから，}$$

$$\frac{\dfrac{3}{8}}{\dfrac{3}{8} + \dfrac{4}{9} + \dfrac{27}{64}} = \frac{\dfrac{216}{576}}{\dfrac{216 + 256 + 243}{576}} = \boxed{\dfrac{216}{715}} \, \text{セソタ, チツテ}$$

(4) やや難

箱	A	B	C	D
当たりくじを引く確率	$\dfrac{1}{2}$	$\dfrac{1}{3}$	$\dfrac{1}{4}$	$\dfrac{1}{5}$
はずれくじを引く確率	$\dfrac{1}{2}$	$\dfrac{2}{3}$	$\dfrac{3}{4}$	$\dfrac{4}{5}$

各箱で，くじを1本引いてはもとに戻す試行を3回繰り返したとき，箱Dにおいて，3回中ちょうど1回当たる確率は，

$$_3C_1 \cdot \dfrac{1}{5}\left(\dfrac{4}{5}\right)^2 = \dfrac{48}{125} \quad \cdots\cdots④$$

(2)，(3)と同様の事象を考えると，箱Dが選ばれる事象をDとして，会話からもわかるように，

$$P_W(A) : P_W(B) : P_W(C) : P_W(D) = ① : ② : ③ : ④$$

(1)(ⅱ)より　$\dfrac{32}{59} > \dfrac{27}{59}$　すなわち　$P_W(B) > P_W(A)$　であるから，⓪，①，②，③，④は不適である。

補足　$\dfrac{4}{9} = \dfrac{32}{72} > \dfrac{27}{72} = \dfrac{3}{8}$　より　②＞①

$\dfrac{27}{64} > \dfrac{24}{64} = \dfrac{3}{8}$　より　③＞①，つまり，$P_W(C) > P_W(A)$　であるから⑤，⑥も不適である。

これらより，⑦，⑧に絞られる。

$\dfrac{48}{125} > \dfrac{48}{128} = \dfrac{3}{8}$　より　④＞①，つまり，$P_W(D) > P_W(A)$　であるから⑦は不適である。

よって，A，B，C，Dのうち，くじを引いた可能性が高いほうから順に並べると，

B, C, D, A　⑧ ト

確　率

　各箱で，くじを1本引いてはもとに戻す試行を3回繰り返したとき，3回中ちょうど1回当たる確率を考えるが，どの箱からくじを引いた可能性が高いかを**条件付き確率**で考える。

　その条件付き確率は，箱を選ぶ確率が等しいので，それぞれの箱でちょうど1回当たりくじを引く事象の確率の比になる。

(1)　3回中ちょうど1回当たる確率は当たりくじを1回，はずれくじを2回引くことから，何回目に当たりを引くかも考えて確率を求める。

　　　乗法定理を用いて確率　$P(A \cap W) = P(A) \cdot P_A(W)$　となるが，これは(箱Aを選ぶ確率)×①ということである。

　　　同様に，確率　$P(B \cap W) = P(B) \cdot P_B(W)$　は(箱Bを選ぶ確率)×②ということである。3回中ちょうど1回当たる確率 $P(W)$ は「箱Aからちょうど1回当たりくじを引く事象」と「箱Bからちょうど1回当たりくじを引く事象」の和　$P(A \cap W) + P(B \cap W)$　となる。

　　　条件付き確率は，定義どおり求めればよい。別解のように $P_W(A) + P_W(B) = 1$ であることを考えてもよい。

(2)　箱Aを選ぶ確率と箱Bを選ぶ確率は等しい，つまり，$P(A) = P(B)\left(= \dfrac{1}{2}\right)$ であるから，$P_W(A) = \dfrac{①}{① + ②}$，$P_W(B) = \dfrac{②}{① + ②}$　となる。

　　　すなわち　$P_W(A) : P_W(B) = ① : ②$

　　　注意として，$P(A) \neq P(B)$　ならば $P_W(A)$ と $P_W(B)$ の比は①と②の確率の比に等しくはならない。

(3)　$P(A) = P(B) = P(C)\left(= \dfrac{1}{3}\right)$　であるから，(2)のように比を考えるとよい。

$$P_W(A) = \frac{①}{① + ② + ③}, \quad P_W(B) = \frac{②}{① + ② + ③}, \quad P_W(C) = \frac{③}{① + ② + ③}$$

であり，$P_W(A) : P_W(B) : P_W(C) = ① : ② : ③$　となる。

(4)　$P(A) = P(B) = P(C) = P(D)\left(= \dfrac{1}{4}\right)$　であるから，①，②，③，④の比を考えることになるので，それらの大小関係を調べるとよい。A，B，C，Dのうち，くじを引いた可能性が高いものから順に並べると，並べ方は全部で　$4! = 24$（通り）ある。しかし，選択肢には9通りしかない。まともに調べなくても，絞っていけばよいだろう。

　　　④と①の大小関係は，設問解説のように，分母ではなく分子を同じ数にして考えることでもわかる。なお，①，②，③，④のそれぞれの確率を小数で表しても大小関係はわかる。

$$① = \frac{3}{8} = 0.375 \quad ② = \frac{4}{9} = 0.444\cdots \quad ③ = \frac{27}{64} = 0.421\cdots \quad ④ = \frac{48}{125} = 0.384$$

よって，$P_W(B) > P_W(C) > P_W(D) > P_W(A)$

この先は「数学 B」の「確率分布」の項目で習う「二項分布」「期待値」の話であるから，未習の人はスルーしてもよい。

4 つの箱 A，B，C，D からそれぞれくじを 3 回引いて，当たりくじを 1 回だけ引く確率が高いものから順に考える。この順は，可能性が高い順にもなる。

そのために，それぞれの箱から 3 回くじを引いて，当たりくじを平均して何回引けるかを調べる。それが 1 回に近いものから確率が高くなる。

たとえば，箱 B から 1 回くじを引いて当たりくじを引く確率は $\dfrac{1}{3}$ なので，1 回くじを引いて当たりくじを $\dfrac{1}{3}$ 回引ける。だから，3 回引くと当たりくじは平均して $\dfrac{1}{3} \times 3 = 1$（回）　引けるということになる。

また，箱 D から 1 回くじを引いて当たりくじを引く確率は $\dfrac{1}{5}$ なので，1 回くじを引いて当たりくじを $\dfrac{1}{5}$ 回引ける。だから，3 回引くと当たりくじは平均して $\dfrac{1}{5} \times 3 = \dfrac{3}{5}$（回）　引けるということになる。ちなみに，5 回引くと当たりくじは平均して　$\dfrac{1}{5} \times 5 = 1$（回）　引けるということになる。

そのことを踏まえ，それぞれの箱で 3 回くじを引いて，平均して何回当たりくじを引けるかを考えると，

- 箱 A からは 1 回で当たりくじを $\dfrac{1}{2}$ 回引けて，3 回引くと平均して　$\dfrac{1}{2} \times 3 = 1.5$（回）

- 箱 B からは 1 回で当たりくじを $\dfrac{1}{3}$ 回引けて，3 回引くと平均して　$\dfrac{1}{3} \times 3 = 1$（回）

- 箱 C からは 1 回で当たりくじを $\dfrac{1}{4}$ 回引けて，3 回引くと平均して　$\dfrac{1}{4} \times 3 = 0.75$（回）

- 箱 D からは 1 回で当たりくじを $\dfrac{1}{5}$ 回引けて，3 回引くと平均して　$\dfrac{1}{5} \times 3 = 0.6$（回）

平均が 1 回に近いものから考えて，

$$P_W(B) > P_W(C) > P_W(D) > P_W(A)$$

箱 B からは 3 回くじを引き，当たりくじを平均して 1 回引けるので，可能性が最も大きくなることは直感でもわかるだろう。

分析編

解答・解説編

2021年（第 1 日程）

予想問題・第 1 回

予想問題・第 2 回

予想問題・第 3 回

第4問 数 学 A

整数の性質　標準

着 眼 点

(1) 石の移動規則に従って，P_0 から 5 回で P_1 に動く出方を探す。

(2) **不定方程式**を考えて，点 P_0 にある石を点 P_8 に移動させる場合を考える。

(3) 点 P_0 にある石を P_8 に移動させるが，(2)より少ない回数で移動させることを考え，（＊）をヒントにする。

(4) 点 P_0 にある石を移動させて，最小回数が最も大きくなる点とその回数を考える。

設問解説

　円周上に 15 個の点 P_0, P_1, P_2, …, P_{14} が反時計回りに並んでいる。

　最初，P_0 に石がある。

　円周上の点の石を移動させる規則については，反時計回りを正の方向，時計回りを負の方向として，さいころの目により次のようになる。

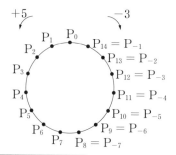

さいころの目	石の移動
偶　数	反時計回りに 5 個先の点（＋5）
奇　数	時計回りに 3 個先の点（−3）

　P_n にある石は偶数の目が出ると点 P_{n+5}, 奇数の目が出ると P_{n-3} に移動される。

　ここで任意の整数 n に対して　$P_n = P_{n+15}$　が成り立つ。

　たとえば，

$P_0 = P_{15}$, $P_{-1} = P_{14}$, $P_{-2} = P_{13}$, $P_{-3} = P_{12}$, …, $P_{-14} = P_1$, …

　点 P_0 にある石は，さいころを投げて偶数の目が x 回，奇数の目が y 回出ると，点 P_{5x-3y} に移動させる。

(1) 易

さいころを5回投げて，偶数の目が $\boxed{2}_{ア}$ 回，奇数の目が $\boxed{3}_{イ}$ 回出れば，点 P_0 にある石は $5\cdot2=10$ だけ正の向きに移動させて，$3\cdot3=9$ だけ負の向きに移動させて点 P_1 に移動させることができる。

このとき，$x=2$，$y=3$ は，不定方程式 $5x-3y=1$ の整数解になっている。

(2) 標準

$$5x-3y=8 \quad\cdots\cdots①$$

(1)より $5\cdot2-3\cdot3=1$

両辺に8をかけて $5\cdot2\times8-3\cdot3\times8=8 \quad\cdots\cdots②$

①－②として $5(x-2\times8)-3(y-3\times8)=0$

すなわち $5(x-2\times8)=3(y-3\times8)$

5，3は互いに素であるから k を整数として，

$$\begin{cases} x-2\times8=3k \\ y-3\times8=5k \end{cases}$$

よって $\begin{cases} x=2\times8+\boxed{3}_{ウ}k=3k+16 \\ y=3\times8+\boxed{5}_{エ}k=5k+24 \end{cases}$ と表される。

①の整数解 x，y の中で，$0\leqq y<5$ を満たすものは，

y は整数なので $y=0$，1，2，3，4

$y=5k+24=5(k+4)+4$ は5で割って余りが4より $k=-4$

であり $y=4$

このとき $x=4$

よって $x=\boxed{4}_{オ}$，$y=\boxed{4}_{カ}$

したがって，さいころを $\boxed{8}_{キ}$ 回投げて，偶数の目が4回，奇数の目が4回出れば，点 P_0 にある石を点 P_8 に移動させることができる。

(3) 標準

点 P_0 にある石を点 P_8 に移動させるのに8回かかった。

これより少ない回数を考えるが，$P_8=P_{-7}$ であることから，偶数の目が x 回，奇数の目が y 回出るとして，$(1\leqq x+y<8)$

$$5x-3y=-7 \quad\cdots\cdots③$$

を満たす。

$$5\cdot1-3\cdot4=-7 \quad\cdots\cdots④$$

③－④として $5(x-1)-3(y-4)=0$

すなわち $5(x-1)=3(y-4)$

分析編

解答・解説編

2021年（第1日程）

予想問題・第1回

予想問題・第2回

予想問題・第3回

5, 3 は互いに素であるから(2)と同様にして，k を整数として

$$\begin{cases} x = 3k+1 \\ y = 5k+4 \end{cases} \quad \text{と表される。}$$

これより $x + y = 8k + 5$

$x + y$ が最小になるのは $k = 0$ のときで，$x = 1,\ y = 4$ であり $x + y = 5$

よって，偶数の目が $\boxed{1}_{\,ク}$ 回，奇数の目が $\boxed{4}_{\,ケ}$ 回出れば，さいころを投げる回数が $\boxed{5}_{\,コ}$ 回で，点 P_0 にある石を点 P_8 に移動させることができる。

(4) やや難

$P_0,\ P_1,\ P_2,\ \cdots,\ P_{14}$ のうちから点を 1 つ選び，点 P_0 にある石を何回か投げてその点に移動させる。そのために必要な最小回数が最も大きい点を考えるが，選択肢から $P_{10},\ P_{11},\ P_{12},\ P_{13},\ P_{14}$ のうちのいずれかになる。

右上矢印が偶数の目のとき，右下矢印が奇数の目のときを表す樹形図をかくと，下のようになる。

ただし，それまでに移動させた点の場合は，それ以降はかかないものとする。

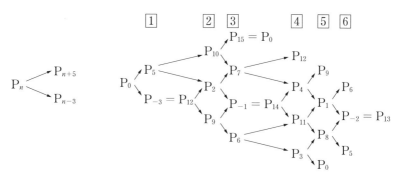

選択肢にある点の最小回数は，P_{10} へは 2 回，P_{11} へは 4 回，P_{12} へは 1 回，P_{13} へは 6 回，P_{14} へは 3 回。

よって，最小回数が最も大きい点は $P_{13}\ \boxed{③}_{\,サ}$ であり，その最小回数は $\boxed{6}_{\,シ}$ 回である。

研　究

整数の性質

円周上の 15 個 $P_0,\ P_1,\ \cdots,\ P_{14}$ の点を石を規則によって移動させる。最初 P_0 にある

点を他の点に移動させることを不定方程式を利用して考える。さいころを投げて偶数の目が x 回，奇数の目が y 回出ると，石は P_{5x-3y} に移動させるとしたが，円周上の同じ点になるのは，$5x - 3y$ を 15 で割ったときの余りが等しい点である。

(1) さいころを 5 回投げるときのすべての場合は，下の表のとおりとなる。

偶数の目（＋5）	奇数の目（−3）	石の移動先
5 回	0 回	$P_{25} = P_{10}$
4 回	1 回	$P_{17} = P_2$
3 回	2 回	P_9
2 回	3 回	P_1
1 回	4 回	$P_{-7} = P_8$
0 回	5 回	$P_{-15} = P_0$

解答の枠の形から答えは 1 つなので，探すだけである。

(2) 不定方程式の解を求めるには，次の方法がある。

---

1 次不定方程式と整数解

a, b, c は 0 以外の整数の定数とする。

x, y の 1 次不定方程式

$$ax + by = c \quad \cdots\cdots ①$$

の**整数解** (x, y) は次の手順で求める方法がある。

① まず，①を満たす整数解を 1 組求める。
　　つまり，

$$ax_0 + by_0 = c \quad \cdots\cdots ②$$

　　となる①の整数解　$(x, y) = (x_0, y_0)$　を 1 つさがす。

② ① − ② として，

$$a(x - x_0) + b(y - y_0) = 0$$

　　すなわち　$a(x - x_0) = b(y_0 - y)$

③ $x - x_0$, $y_0 - y$ が整数であることから，整数解を求める。

枠を埋めるだけなので， 設問解説 のように求めるとよい。

まともにやるならば，$y = 5k + 24$ を $0 \leqq y < 5$ へ代入して，

$$0 \leqq 5k + 24 < 5 \quad \text{すなわち} \quad -\frac{24}{5} \leqq k < -\frac{19}{5}$$

分析編

解答・解説編

2021年（第1日程）

予想問題・第1回

予想問題・第2回

予想問題・第3回

よって，$k = -4$ であり $x = 4$, $y = 4$

(3) $P_8 = P_{-7}$ であることから $5x - 3y = -7$ となる場合を考えるとよい。これは，(2)の場合の $(x, y) = (4, 4)$ の x の値 4 から 3 をひいて $(x, y) = (1, 4)$ が解の 1 つだとわかる。これは(2)より $5 \cdot 4 - 3 \cdot 4 = 8$

両辺 $15(= 5 \cdot 3)$ をひいて，$5 \cdot 1 - 3 \cdot 4 = -7$ となることからもわかる。

▶設問解説◀ では $x + y$ が最小になることの確認で，(2)と同様に**一般解**を求めたが，それを求めなくても，マーク方式だから $(x, y) = (1, 4)$ の場合だとすぐにマークしてもよい。

また，P_{23} や P_{-22} などの場合は，明らかに最小回数にはならないので，やらなくてもよい。

(4) 5 の倍数になる点 P_5, P_{10} は偶数の目だけで移動できる。

また，3 の倍数になる点 P_3, P_6, P_9, P_{12} は奇数の目だけで移動できる。

このような点は最小回数が小さいのが容易にわかる。

選択肢と(3)より，最小回数は 5 回よりは大きいことがみえてくる。

$5x - 3y = n$（n は整数）の整数解 x, y を求めてもよいが，ここでは ▶設問解説◀ のように樹形図をかいたほうが考えやすいと思われる。この図で(3)も解ける。

▶設問解説◀ 以外の解答群になかった点についての最小回数は P_1 へは 5 回，P_2 へは 2 回，P_3 へは 4 回，P_4 へは 4 回，P_5 へは 1 回，P_6 へは 3 回，P_7 へは 3 回，P_8 へは 5 回，P_9 へは 2 回となる。

樹形図を使わない解法だと，(3)で説明したように $15(= 5 \cdot 3)$ をひいても石は同じ点に移動させることから x を 3 減らしたり，y を 5 減らしても石は同じ点に移動させる。これより最小回数になるには $x \leqq 2$, $y \leqq 4$ である必要があるので $x + y \leqq 6$

等号が成り立つのは $x = 2$ かつ $y = 4$ である。このとき $5x - 3y = 5 \cdot 2 - 3 \cdot 4 = -2$ であるから，石は $P_{-2} = P_{13}$ に移動させる。

P_{13} へは 5 回以内で移動できないので，$x + y$ の最大値は $6(x = 2, y = 4)$ となる。

なお，まともに選択肢ごとに (x, y) を調べると，

- ⓪ $P_{10} = P_{-5}$ について
  $5x - 3y = 10$ または $5x - 3y = -5$ とすると $(x, y) = \underline{(2, 0)}, (2, 5)$
- ① $P_{11} = P_{-4}$ について
  $5x - 3y = 11$ または $5x - 3y = -4$ とすると $(x, y) = (4, 3), \underline{(1, 3)}$
- ② $P_{12} = P_{-3}$ について
  $5x - 3y = 12$ または $5x - 3y = -3$ とすると $(x, y) = (3, 6), \underline{(0, 1)}$
- ③ $P_{13} = P_{-2}$ について
  $5x - 3y = 13$ または $5x - 3y = -2$ とすると $(x, y) = (5, 4), \underline{(2, 4)}$
- ④ $P_{14} = P_{-1}$ について
  $5x - 3y = 14$ または $5x - 3y = -1$ とすると $(x, y) = (4, 2), \underline{(1, 2)}$

$x + y$ が最大になるのは，上の 部分がそれぞれについての最小回数の場合だから，P_{13} の $(x, y) = (2, 4)$

第5問 数 学 A

分析編

解答・解説編

2021年（第1日程）

予想問題・第1回

予想問題・第2回 予想問題・第3回

図形の性質 **やや難**

▶着眼点

　直角三角形 ABC の**外接円 O** と**内接円 Q** と，2 辺 AB，AC に接し，円 O に内接する円 P があり，図が複雑になる。

　図形の性質から必要な部分を抜き出して考えるとよい。

▶設問解説

　△ABC において，AB = 3，BC = 4，AC = 5 とする。

　△BAC の二等分線と辺 BC との交点を D とすると，
　　BD : DC = AB : AC = 3 : 5

　よって　$BD = \dfrac{3}{8}BC = \dfrac{3}{8} \cdot 4 = \boxed{\dfrac{3}{2}}_{ア,イ}$

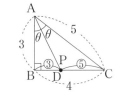

　$3^2 + 4^2 = 5^2$　より三平方の定理の逆から，△ABC は　∠ABC = 90°　の直角三角形である。

　△ABD に三平方の定理を用いて，

$$AD = \sqrt{AB^2 + BD^2} = \sqrt{3^2 + \left(\dfrac{3}{2}\right)^2} = \dfrac{\boxed{3}_ウ\sqrt{\boxed{5}_エ}}{\boxed{2}_オ}$$

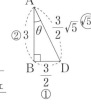

　∠BAD = ∠CAD = θ　とおく。

　右図より　$AB : BD : AD = 2 : 1 : \sqrt{5}$

$$\cos\theta = \dfrac{AB}{AD} = \dfrac{2}{\sqrt{5}}, \ \sin\theta = \dfrac{BD}{AD} = \dfrac{1}{\sqrt{5}}$$

　∠BAC の二等分線と △ABC の外接円 O との交点で点 A と異なる点を E とする。

　∠ABC = 90°　より
外接円 O の直径は AC である。

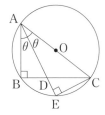

　これより　∠AEC = 90°

　△ABD ∽ △AEC　であるから　$\dfrac{AB}{AD} = \dfrac{AE}{AC}$

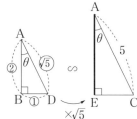

　すなわち　$\dfrac{2}{\sqrt{5}} = \dfrac{AE}{5}$

よって　AE $=\boxed{2}_{力}\sqrt{\boxed{5}}_{キ}$

別解　△AEC に着目して　AE $=$ AC$\cos\theta = 5\cdot\dfrac{2}{\sqrt{5}} = \boxed{2}_{力}\sqrt{\boxed{5}}_{キ}$

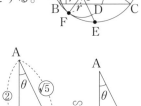

△ABC の 2 辺 AB と AC の両方に接し，外接円 O に内接する円の中心 P は∠BAC の二等分線上，つまり線分 AE 上にある。

円 P の半径は r，円 P と辺 AB との接点を H とする。

△ABD∽△AHP であるから　$\dfrac{\text{AD}}{\text{BD}} = \dfrac{\text{AP}}{\text{HP}}$

すなわち　$\sqrt{5} = \dfrac{\text{AP}}{r}$

よって　AP $=\sqrt{\boxed{5}}_{ク}\,r$

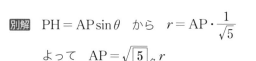

別解　PH $=$ AP$\sin\theta$ から　$r =$ AP$\cdot\dfrac{1}{\sqrt{5}}$

　　　よって　AP $=\sqrt{\boxed{5}}_{ク}\,r$

円 P と外接円 O との接点を F とすると，点 F，P，O は同一直線上にある。

線分 FG は円 O の直径であるから　FG $=$ AC $= 5$

FP $= r$　より　PG $=$ FG $-$ FP $=\boxed{5}_{ケ}-r$

PE $=$ AE $-$ AP $= 2\sqrt{5}-\sqrt{5}\,r$

方べきの定理を用いて　PA$\cdot$PE $=$ PF$\cdot$PG

すなわち　$\sqrt{5}\,r\cdot(2\sqrt{5}-\sqrt{5}\,r) = r(5-r)$

両辺を r で割って　$\sqrt{5}(2\sqrt{5}-\sqrt{5}\,r) = 5-r$

よって　$r = \boxed{\dfrac{5}{4}}_{コ, サ}$

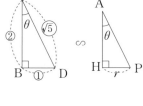

これより　AP $=\dfrac{5\sqrt{5}}{4}$

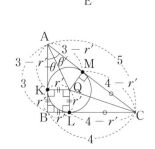

△ABC の内接円 Q の半径を r' とすると，

円 Q と線分 AB，BC，CA との接点をそれぞれ K，L，M とすると，

△AKQ≡△AMQ，四角形 BLQK は正方形，△CLQ≡△CMQ　より

AK $=$ AM　BK $=$ BL　CL $=$ CM　が成り立つ。

BK $=$ BL $= r'$　より　　AM $=$ AK $= 3-r'$

　　　　　　　　　　　CM $=$ CL $= 4-r'$

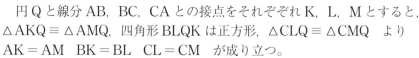

AM ＋ CM ＝ AC　であるから，

$(3 - r') + (4 - r') = 5$

よって　$r' = \boxed{1}$ シ

点 Q は∠BAC の二等分線上にあることから，
△ABD ∽ △AKQ であるから，

$$\frac{\mathrm{AD}}{\mathrm{BD}} = \frac{\mathrm{AQ}}{\mathrm{KQ}}$$

よって AQ ＝ $\sqrt{\boxed{5}}$ ス

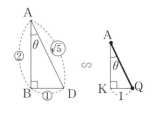

△ABD ∽ △AHP　であるから　$\dfrac{\mathrm{AB}}{\mathrm{BD}} = \dfrac{\mathrm{AH}}{\mathrm{HP}}$

すなわち　$2 = \dfrac{4}{5}\mathrm{AH}$

$$\mathrm{AH} = \boxed{\dfrac{5}{2}}_{\text{セ,ソ}}$$

別解　$\mathrm{QK} = \mathrm{AQ}\sin\theta$　から　$1 = \mathrm{AQ} \cdot \dfrac{1}{\sqrt{5}}$

　　　よって　$\mathrm{AQ} = \sqrt{\boxed{5}}$ ス

　　　$\mathrm{AH} = \mathrm{AP}\cos\theta = \dfrac{5\sqrt{5}}{4} \cdot \dfrac{2}{\sqrt{5}} = \boxed{\dfrac{5}{2}}_{\text{セ,ソ}}$

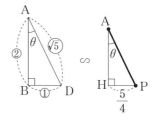

長さの関係から，

$$\mathrm{AH} \cdot \mathrm{AB} = \frac{5}{2} \cdot 3 = \frac{15}{2}$$

$$\mathrm{AQ} \cdot \mathrm{AD} = \sqrt{5} \cdot \frac{3}{2}\sqrt{5} = \frac{15}{2}$$

$$\mathrm{AQ} \cdot \mathrm{AE} = \sqrt{5} \cdot 2\sqrt{5} = 10$$

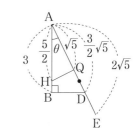

AH ・ AB ＝ AQ ・ AD　が成り立つので，方べきの定理の逆より 4 点 H，B，D，Q を通る円が存在するので，(a)は正しい。

AH ・ AB ≠ AQ ・ AE　であるから，4 点 H，B，E，Q を通る円が存在しないので，(b)は誤り。

よって，$\boxed{1}$ タ

分析編

解答・解説編

2021年（第1日程）

予想問題・第1回

予想問題・第2回

予想問題・第3回

別解 $\dfrac{AQ}{AH} = \dfrac{2}{\sqrt{5}} \, (= \cos\theta)$

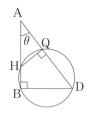

また $\dfrac{AB}{AD} = \dfrac{2}{\sqrt{5}} \, (= \cos\theta)$

すなわち $AQ : AH = AB : AD$

$\angle QAH = \angle BAD \, (= \theta)$

2辺の比とその間の角が等しいから,

$\triangle AQH \varpropto \triangle ABD$

以上より $\angle AQH = \angle ABD = 90°$

すなわち $\angle DQH = \angle HBD = 90°$

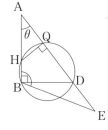

よって, $\angle HBD + \angle DQH = 180°$ であるから,
四角形 HBDQ は直径 HD の円に内接するので, (a)
は正しい。

$\angle HBE > \angle HBD = 90°$

これより $\angle DQH + \angle HBE > 180°$

四角形 HBEQ は円に内接することはないので,
(b)は誤り。

よって, $\boxed{①}_{タ}$

50

図形の性質

　直角三角形とその辺に接する円に関する図形の問題。問題文の流れに沿って基本的な定理，図形の性質をおさえ，図を描きながら解いていくことになる。

　内角の二等分線の性質は，次のとおりである。

内角の二等分線と比

　△ABC の ∠A の内角の二等分線と辺 BC との交点を D とすると，

　　　点 D は線分 BC を AB：AC に内分する

すなわち，

　　　AB：AC ＝ BD：DC

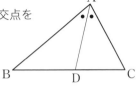

　問題文中の △ABC は　∠ABC ＝ 90°　の直角三角形であるから，外接円の直径は斜辺 AC になる。

　次の性質を考えている。この性質は，センター試験でもよく出ていた。

直径と円周角

　円上に異なる 3 点 A，B，C があるとき，

　　　線分 BC が円の直径　⟺　∠BAC ＝ 90°

すなわち，

　　1　半円の弧（直径）に対する**円周角**は直角

　　2　**直角三角形**があれば**斜辺**は**外接円**の直径

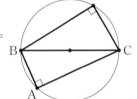

本問では，1つの角が θ（$= \angle BAD$）の直角三角形 $\triangle ABD$ と相似な直角三角形が
みえてくるので，相似比から長さを考えるとよい。あるいは，別解 のように三角比を
考えてもよい。

接する2つの円（内接・外接）があるときはその円の中心と接点は同一直線上にあ
るので，3点 F，O，P が同一直線上にあることがわかる。

問題文に「方べきの定理」という指示があるのでそのとおりやれば解けるのだが，
念のためこの定理を確認しておく。なお，この定理は逆も成り立つ。

方べきの定理

定点 P を通る直線と円が2つの交点をもつとき，

　点 P と交点の距離の積は一定値

になる。

　□1　点 P を通る2直線が，円とそれぞれ2点 A，
　　　B と2点 C，D で交わるとき，

　　$$PA \cdot PB = PC \cdot PD$$

　が成り立つ。

　□2　円外にある点 P を通る2直線が，
　　　一方が円と2点 A，B で交わり，
　　　もう一方が円と点 T と接するとき，

　　$$PA \cdot PB = PT^2$$

　が成り立つ。

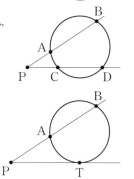

方べきの定理を用いて $r = \dfrac{5}{4}$ となったが，$FO = 2r = \dfrac{5}{2}$（円 O の半径）より，
円 P の辺 AC との接点は点 O となることがわかる。

また，円 P と円 Q はいずれも辺 AB，AC と接するので，その中心 P，Q は
$\angle BAC$ の二等分線上にあることには気づきたい。また，その線分上の P，Q の位置
については，P，Q から辺 AB へ垂線 PH，QK を下ろすとそれぞれの長さが $r = \dfrac{5}{4}$，
$r' = 1$ であるから，点 A から順に Q，P となることもわかる。

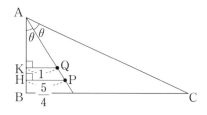

内接円 Q の半径については，□シ□に 1 桁の整数が入る。それは，辺 AB の長さ 3 より小さく，2 だと内接円 Q はつくれないので，1 しかない。このように，マーク方式だと答えが出てしまうこともある。

　ちなみに，2010 年度のセンター試験・本試験にまったく同じ問題がある。なお，三角形の形状によらず，次のような定理もある。

三角形の内接円の頂点と接点の距離

　△ABC の内接円と線分 AB，BC，CA の接点をそれぞれ K，L，M とすると，

$$BK = BL = \frac{BA + BC - AC}{2}$$

つまり，

$$(頂点 B と接点の距離) = \frac{(頂点 B を含む 2 つの辺) - (頂点 B の対辺)}{2}$$

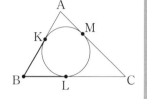

注意　AK = AM, CL = CM　も同様にできる。

考え方　BC = a, CA = b, AB = c
とし，
$$BM = BK = x$$
$$CM = CN = y$$
$$AK = AN = z$$
とおくと，
$$\begin{cases} x + y = a & \cdots\cdots① \\ y + z = b & \cdots\cdots② \\ z + x = c & \cdots\cdots③ \end{cases}$$
①－②＋③として，
$$2x = a - b + c$$
すなわち　$x = \dfrac{a - b + c}{2}$
本問でこの定理を用いると，
$$r' = \frac{BA + BC - AC}{2}$$
$$= \frac{3 + 4 - 5}{2}$$
$$= 1$$

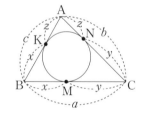

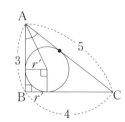

分析編

解答・解説編

2021年（第1日程）

予想問題・第1回

予想問題・第2回

予想問題・第3回

最後に，4点が同一円周上にある条件を考えたが，代表的なものを書いておく。

平面上の4点が同一円周上にある条件

平面上の異なる4点が同一円周上にあることの条件は，次のとおり。

　1　円周角が等しい

　2　向かい合う内角の和が $180°$

　3　方べきの定理

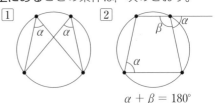

$$\alpha + \beta = 180°$$

▶設問解説◀ では，前の問題から長さに関する情報が多くあり，直線 HB と直線 DQ の交点が A であることから，3 の「方べきの定理」の逆を考えた。

別解 のように，相似な三角形があることを考えて，2 を使うこともできる。もっとも，方べきの定理は相似比から示せるので，結果的には同じことをやっていることになる。

予想問題
第1回
解答・解説

予想問題・第1回　解　答

問題番号(配点)	解答記号	正解	配点
第1問 (30)	ア	①	2
	$\dfrac{イウ}{エ}$	$\dfrac{-2}{3}$	2
	オ	③	2
	カ	②	2
	キ	⓪	2
	ク	2	2
	ケ$\sqrt{コ}$	$6\sqrt{3}$	2
	サ	①	2
	$\sqrt{シス}$	$\sqrt{19}$	2
	$\dfrac{\sqrt{セソ}}{タ}$	$\dfrac{\sqrt{57}}{3}$	2
	$\dfrac{チ\sqrt{ツ}}{テ}$	$\dfrac{3\sqrt{3}}{2}$	2
	$\dfrac{トナ\sqrt{ニ}}{ヌネ}$	$\dfrac{19\sqrt{3}}{12}$	2
	$\dfrac{ノハ\sqrt{ヒ}}{フ}$	$\dfrac{37\sqrt{3}}{4}$	4
	ヘ	①	2
第2問 (30)	$(-4,アイ,ウ,エオ)$	$(-4,-1,6,-3)$	3
	カキ	14	2
	ク, ケ, コ, サ, シ	①, ①, ②, ⓪, ⓪	3
	スセ	12	2
	ソ	3	2
	タ	②	3
	チ	⓪	2
	ツ	③	2
	テ, ト	②, ⑤ (解答の順序は問わない)	4 (各2)
	ナ	②	2
	ニヌ	50	2
	ネ	③	3

(注)
　第1問，第2問は必答。第3問～第5問のうちから2問選択。計4問を解答。

問題番号(配点)	解答記号	正解	配点
第3問 (20)	アイ	25	1
	ウエ	15	2
	オカ	40	2
	キク.ケ	37.5	2
	コ	⓪	2
	サ	③	3
	シ.ス	3.6	3
	セソ.タ	47.8	2
	チ	④	3
第4問 (20)	ア	⓪	3
	$(n+2)(n-イ)+ウ$	$(n+2)(n-2)+5$	1
	エ, オ	1, 5	2
	カ, キ	5, 3	2
	ク$(n^2+1)=(2n+1)(2n-ケ)+コ$ $4(n^2+1)=(2n+1)(2n-1)+5$		2
	サ, シ	1, 5	2
	ス, セ	5, 2	2
	ソ	0	2
	タ, チ	5, 2	2
	ツテト	599	2
第5問 (20)	$\dfrac{ア}{イ}$	$\dfrac{1}{2}$	1
	ウ	③	1
	エ	④	1
	オ	②	1
	カ	②	2
	$\dfrac{キ}{ク}$	$\dfrac{1}{2}$	1
	$\dfrac{ケ}{コ}$	$\dfrac{1}{2}$	2
	サ, シ	④, ⑧ (解答の順序は問わない)	1
	ス, セ	⑤, ⑦ (解答の順序は問わない)	2
	$\dfrac{ソ}{タ}$	$\dfrac{1}{2}$	2
	$\dfrac{チ}{ツ}$	$\dfrac{1}{2}$	2
	テ	③	2
	$\dfrac{ト}{ナ}$	$\dfrac{1}{3}$	2

① 〔2次方程式〕 〔標準〕

▶着眼点

(1) 不等式を絶対値記号を用いて表す。

(2) 2次関数の最大値を求め，$g(x)$ のとりうる値を考える。

(3) 会話もヒントにして，**2次方程式**の解の配置を考える。

▶設問解説

(1) 〔やや易〕

$x^2 > 2$ より $|x| > \sqrt{2}$ ⓪_ア

補足 $(x+\sqrt{2})(x-\sqrt{2}) > 0$ より $x < -\sqrt{2},\ \sqrt{2} < x$ とも表せる。

(2) 〔標準〕

$$g(x) = -3x^2 + 4x - 2 = -3\left(x - \frac{2}{3}\right)^2 - \frac{2}{3}$$

$g(x)$ は $x = \dfrac{2}{3}$ において最大値 $\boxed{\dfrac{-2}{3}}$ _{イウエ}

をとる。

　　最大値が負の値なので，**すべての実数 x に対して $g(x) < 0$ である。** ③_オ

分析編 解答・解説編 2021年（第1日程） 予想問題・第1回 予想問題・第2回 予想問題・第3回

(3) 標準

$a > 0$ において，

$$ax^2 - 2a^2x + a^2 - 2 = 0 \quad \cdots\cdots ①$$

$$f(x) = ax^2 - 2a^2x + a^2 - 2$$

とおくと，

$$f(2) = -3a^2 + 4a - 2 = g(a)$$

(2)より　$g(a) < 0$　であるからつねに　$f(2) < 0$

$$\begin{cases} y = f(x) \\ y = 0 \quad (x 軸) \end{cases}$$　のグラフは　$x < 2$　と　$x > 2$　で 1 つずつ共有点を

もつ。

よって，①の方程式は 2 より小さい解と 2 より大きい解を 1 つずつも

つ。　$\boxed{②}$ カ

また　$f(0) = a^2 - 2$

$a > \sqrt{2}$　ならば　$f(0) = a^2 - 2 > 0$

$$\begin{cases} y = f(x) \\ y = 0 \quad (x 軸) \end{cases}$$　のグラフは　$0 < x < 2$　と $x > 2$

で 1 つずつ共有点をもつ。

よって，①の方程式は相異なる 2 つの正の解を

もつ。　$\boxed{⓪}$ キ

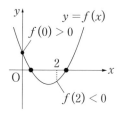

58

研　究

2次方程式とグラフ

2次方程式をグラフを用いて考察する問題。

(1) $x^2=2$ については $|x|=\sqrt{2}$ となり，$x^2>2$ については $|x|>\sqrt{2}$ となる。
$x^2=2$ について，$x=\pm\sqrt{2}$ であるからといって，$x^2>2$ については $x>\pm\sqrt{2}$ などとしないように注意しよう。

(2) $g(x)$ を平方完成して $y=g(x)$ のグラフを考えると，$g(x)$ がどのような値をとるかがわかる。

$y=g(x)$ のグラフは x^2 の係数が -3 なので，上に凸になることに注意する。

$g(x)$ の最大値が $-\dfrac{2}{3}$ なので $g(x)\leqq -\dfrac{2}{3}$ ということで，$g(x)$ はつねに負である。

(3) 2次方程式の解の配置問題である。①の方程式は**解の公式**を用いて，

$$x=\frac{a^2\pm\sqrt{a^4-a^3+2a}}{a}$$

とわかるが，どのような値かはわかりにくい。

ここは会話にヒントがあったようにグラフで解を考えるとよい。

設問解説 では $y=f(x)$ のグラフを考えたが，$f(2)<0$ であることに気づきたい。

(2)がヒントになっており，$f(2)=g(a)$ である。

$y=f(x)$ のグラフは下に凸であることから，x 軸と共有点をもつことがわかる。

$f(2)<0$ なので，$y=f(x)$ のグラフの頂点の y 座標が負となっている。

また，$a>\sqrt{2}$ ならば，(1)にもあるように $a^2-2>0$ であり，$f(x)$ の定数項に a^2-2 がある。これより $f(0)>0$ に気づいてほしい。

2次方程式の解は因数分解ができて，ふつうに求められるならそれでよいが，複雑な解になるときはグラフで考えるのが基本である。軸の位置や判別式の符号を考えることもあるが，本問では $f(0)>0,\ f(2)<0$ でどのような解をもつかがみえる。

着眼点

(1) 正六角形の外接円の半径と面積を求める。

(2) 六角形の面積を問題文中の構想をヒントに求める。

(3) (2)の六角形の面積との大小関係を考える。

設問解説

(1) やや易

　　1 辺の長さが 2 の正六角形 ABCDEF は対角線を 3 本引くと，1 辺の長さが 2 の正三角形 6 つに分割できて，外接円の半径は $\boxed{2}$ ケ

　　面積は 1 辺の長さが 2 の正三角形の面積 6 個分であるから，

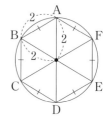

$$\frac{1}{2} \cdot 2^2 \sin 60° \times 6 = \boxed{6}_{ケ}\sqrt{\boxed{3}}_{コ}$$

(2) 難

(ⅰ) 同じ弧に対する中心角は等しいので右図のように，

$$\angle AOB = \angle BOC = \angle COD = \alpha$$
$$\angle DOE = \angle EOF = \angle FOA = \beta$$

とおくと，

$$\alpha + \alpha + \alpha + \beta + \beta + \beta = 360°$$

すなわち　$\alpha + \beta = 120°$

$$\angle COE = \alpha + \beta = 120°$$

$\stackrel{\frown}{CE}$ の長いほうの弧に対する中心角が　$2(\alpha + \beta) = 240°$　なので，円周角と中心角の関係から，

$$\angle CDE = \alpha + \beta = 120°$$

よって　$\angle COE = \angle CDE = 120°$　$\boxed{0}_{サ}$

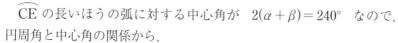

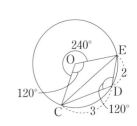

(ⅱ) △CDEに余弦定理を用いて，
$$CE^2 = 3^2 + 2^2 - 2 \cdot 3 \cdot 2 \cdot \cos 120° = 9 + 4 + 6 = 19$$
よって　$CE = \sqrt{\boxed{19}}_{シス}$

OCは△CDEの外接円の半径であり，△CDEに正弦定理を用いて，
$$\frac{\sqrt{19}}{\sin 120°} = 2OC$$

よって　$OC = \dfrac{\sqrt{19}}{2} \cdot \dfrac{2}{\sqrt{3}} = \dfrac{\sqrt{\boxed{57}}_{セソ}}{\boxed{3}_{タ}}$

(ⅲ) 2つの三角形の面積について，
$$\triangle CDE = \frac{1}{2} CD \cdot DE \sin 120° = \frac{1}{2} \cdot 3 \cdot 2 \cdot \frac{\sqrt{3}}{2} = \frac{\boxed{3}_{チ}\sqrt{\boxed{3}}_{ツ}}{\boxed{2}_{テ}}$$

$$\triangle OCE = \frac{1}{2} OC \cdot OE \sin 120° = \frac{1}{2} \cdot \frac{\sqrt{57}}{3} \cdot \frac{\sqrt{57}}{3} \cdot \frac{\sqrt{3}}{2}$$
$$= \frac{\boxed{19}_{トナ}\sqrt{\boxed{3}}_{ニ}}{\boxed{12}_{ヌネ}}$$

(ⅳ) 六角形 ABCDEF の面積 S について，
$$S = 3 \times (\triangle OCD + \triangle ODE)$$
$$= 3 \times (四角形 OCDE)$$
$$= 3 \times (\triangle CDE + \triangle OCE)$$
$$= 3 \times \left(\frac{3\sqrt{3}}{2} + \frac{19\sqrt{3}}{12} \right)$$
$$= 3 \times \frac{37\sqrt{3}}{12}$$
$$= \frac{\boxed{37}_{ノハ}\sqrt{\boxed{3}}_{ヒ}}{\boxed{4}_{フ}}$$

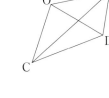

(3)　標準
$$T = 3 \times (\triangle OAB + \triangle OBC)$$
$$= 3 \times (四角形 OABC)$$
$$= \frac{37\sqrt{3}}{4}$$
よって　$S = T$　$\boxed{①}_{ヘ}$

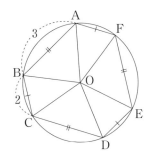

分析編

解答・解説編

2021年（第1日程）

予想問題・第1回

予想問題・第2回

予想問題・第3回

研　究

円に内接する六角形の面積

　円に内接する六角形の面積を求める問題。1辺の長さが2の正六角形と6つの辺のうち，3つの辺ずつの長さが3と2の六角形を考察する。

(1)　正六角形は3本の対角線を引くと，6個の正三角形に分割できる。
なお，余談だが，この図から円周率 π が3より大きいことが示せる。正六角形の1辺の長さは2より周の長さは12である。外接円の周の長さは半径2より 4π であり，円周の長さのほうが正六角形の周の長さより長いので，$4\pi > 12$　すなわち　$\pi > 3$　である。

(2)　図を描いて考える。六角形 ABCDEF の外接円の中心を O として，弦の長さが同じならば円弧の長さも等しくなるので，中心角も等しくなる。

　　ここで，▶設問解説 のように，中心角を α, β のようにおくと，$\alpha + \beta = 120°$ となる。ノーヒントだと難しかったかもしれない。

　　同じ弧に対する円周角は中心角の半分になることを用いて，$\angle CDE$ は120°となる。あとは余弦定理，正弦定理で求められる。外接円の半径を考えると，$OC = OE$ である。

　　面積 S は構想をヒントに六角形をいくつかの図形に分割して求める。外接円の中心 O を頂点とする6つの三角形に分割して，中心角が α, β のそれぞれ3つの合同な三角形の面積を求めるとよいが，$\sin\alpha$, $\sin\beta$ の値がわからないので直接求めるのは厳しい。

　　そこで，中心角が α, β の三角形を合わせて四角形をつくると，(ⅲ)で求めた面積の和になり求められる。その四角形3つ分の面積が S となる。

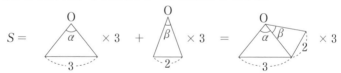

(3)　(2)の六角形の辺の長さの順をかえただけなので，(2)の四角形 OCDE と同じ四角形がみえてくる。六角形に外接する円の半径も同じになるので，$S = T$ となるのがわかる。

62

分析編

解答・解説編

2021年（第1日程）

予想問題・第1回

予想問題・第2回

予想問題・第3回

第2問　数学Ⅰ

1 ［2次関数］ やや難

▶着眼点

(1) 輸送量について具体例で確認する。

(2) 輸送量を関数で表し，グラフの概形から最小値を求める。

(3) 輸送量を一般化して，最小値を求める。

▶設問解説

(1) 標準

$a=-4$　ならばAは自転車が23台になり，Bは19台になる。A, Bを20台にするから$d=-3$, $b=-1$　とするしかない。

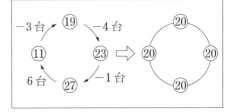

すると，Cは26台，Dは14台になり　$c=6$　となる。

よって，$(a, b, c, d)=\left(-4, \boxed{-1}_{\text{アイ}}, \boxed{6}_{\text{ウ}}, \boxed{-3}_{\text{エオ}}\right)$とすると，4つの地点の自転車の台数をすべて20台にできて，輸送量は，

$$|-4|+|-1|+|6|+|-3|=\boxed{14}_{\text{カキ}}$$

(2) やや難

$$f(x)=|x+8|+|x+1|+|x-1|+|x-2|$$

について，絶対値記号の中身の符号を表にすると，

x	$\cdots$	-8	$\cdots$	-1	$\cdots$	1	$\cdots$	2	$\cdots$
$x+8$	$-$	0	$+$	$+$	$+$	$+$	$+$	$+$	$+$
$x+1$	$-$	$-$	$-$	0	$+$	$+$	$+$	$+$	$+$
$x-1$	$-$	$-$	$-$	$-$	$-$	0	$+$	$+$	$+$
$x-2$	$-$	$-$	$-$	$-$	$-$	$-$	$-$	0	$+$

$$f(x)=\begin{cases} x\le -8 \text{ のとき} & -(x+8)-(x+1)-(x-1)-(x-2)=-4x-6 \\ -8\le x\le -1 \text{ のとき} & (x+8)-(x+1)-(x-1)-(x-2)=-2x+10 \\ -1\le x\le 1 \text{ のとき} & (x+8)+(x+1)-(x-1)-(x-2)=12 \\ 1\le x\le 2 \text{ のとき} & (x+8)+(x+1)+(x-1)-(x-2)=2x+10 \\ 2\le x \text{ のとき} & (x+8)+(x+1)+(x-1)+(x-2)=4x+6 \end{cases}$$

$y=f(x)$ のグラフは,

　　$x\le -8$ および $-8\le x\le -1$ のとき傾きが負の直線である।

　　$-1\le x\le 1$ のとき傾きが 0 の直線である。

　　$1\le x\le 2$ および $2\le x$ のとき傾きが正の直線である。

よって, $\boxed{①}_{ク}$, $\boxed{①}_{ケ}$, $\boxed{②}_{コ}$, $\boxed{⓪}_{サ}$, $\boxed{⓪}_{シ}$

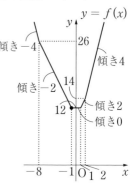

$y=f(x)$ のグラフから

　　$-1\le x\le 1$

つまり $x=-1,\ 0,\ 1$ のとき, 輸送量の

最小値は $\boxed{12}_{スセ}$

　　そのとき

$(a,\ b,\ c,\ d)=(-3,\ 0,\ 7,\ -2),\ (-2,\ 1,\ 8,\ -1),$

$(-1,\ 2,\ 9,\ 0)$ の $\boxed{3}_{ソ}$ 組

(3) **難**

　　$g(x)=|x+a|+|x+b|+|x+c|+|x+d|$

　　$a<d<0<b<c$ のとき $-c<-b<0<-d<-a$

　　(2)と同様に考えて $y=g(x)$ のグラフは下のようになる。

　　よって, $-b\le x\le -d$ のとき, $g(x)$ は最小になり, 最小値は,

　　$g(-b)=|a-b|+|c-b|+|d-b|$

　　　　　$=(b-a)+(c-b)+(b-d)$ $(\because\ b>a,\ c>b,\ b>d)$

　　　　　$=-a+b+c-d$ $\boxed{②}_{タ}$

$$y=g(x)$$

（グラフ：$-c$, $-b$, $-d$, $-a$ を横軸に取る折れ線グラフ）

輸送量の最小値

4 つの地点からの自転車の輸送量の最小値を考える問題である。

(1)　まずは問題にある輸送量の定義を確認すること。負の数の意味は，矢印の向きを反対にして輸送するだけである。$a = -4$ であるから，各地点の自転車を 20 台にするように b, c, d を決めていけばよい。なお，組 (a, b, c, d) に対する輸送量は，$|a| + |b| + |c| + |d|$ である。

(2)　輸送量を関数 $f(x)$ で表す。関数をつくるのは難しいのであらかじめ設定しておいた。関数のつくり方は具体的な数値で説明すると，$(a, b, c, d) = (-2, 1, 8, -1)$ のそれぞれの値に 1 を加えて，$(a, b, c, d) = (-1, 2, 9, 0)$ としても条件を満たす。それぞれに -2 を加えて $(a, b, c, d) = (-4, -1, 6, -3)$ としても条件を満たし，これは(1)の答えになっている。

　　つまり，$f(-2)$ は(1)のことである。

　　そのように (a, b, c, d) のそれぞれの値に整数 x を加えて輸送値は決まる。

　　よくわからない人は x の値にいろいろな整数値を入れて調べてみてほしい。

　　絶対値が 4 つもあり，まず，絶対値の記号をはずすことを考える。絶対値記号の中身の符号で場合分けをしてはずす。

$$|X| = \begin{cases} X & (X \geq 0) \\ -X & (X \leq 0) \end{cases}$$

　　中身は x の 1 次式なので，絶対値の記号をはずすと，$y = f(x)$ のグラフの概形は直線をつなぎ合わせた折れ線になる。ただし，x は整数なので，$f(x)$ の値はとびとびになることに注意する。

　　解答だけなら傾きだけをみればよく，x の係数をみて答えを出せばよい。**設問解説** では念のため，場合分けをして式を整理している。

　　グラフは折れ線になり，$x = -8$, -1, 1, 2 の点で傾きが変わる。

　　「傾き 0 の直線」を「傾きがない直線」としないように注意すること。傾きがない直線とは，方程式 $x = k$ で表される直線で y 軸に平行なものである。

　　$f(x)$ の最小値はグラフの概形から求められる。最小になる場合の自転車の移動方法は 3 通りある。

　　関数を設定せずに，強引に最小値を出すこともできるだろうが時間的にも厳しい。

(3)　$g(x)$ は一般化した輸送量になっているが，(2)と同じグラフになることから，最小値は求められる。$g(x)$ で $(a, b, c, d) = (-2, 1, 8, -1)$ としたものが $f(x)$ である。

　　最小値は $g(-b)$ として求めたが，$g(-d)$ としても同じ値になる。

着 眼 点

(1)　散布図から箱ひげ図を考える。

(2)　散布図と箱ひげ図から読み取れるものを考える。

(3)　ヒストグラムから読み取れないものを考える。

設 問 解 説

(1)　やや易

　　散布図において，横軸は身長であり，目盛りは 165 cm から 5 cm 間隔に 205 cm まである。縦軸は体重であり，目盛りは 0 kg から 50 kg 間隔で 300 kg まである。

(ⅰ)　箱ひげ図をみると，(a)だけ最小値が 170 より小さく，(b)だけ最大値が 200 より大きい。

　　散布図をみると，横軸で最小値が 170 より小さいのは令和 3 年のみであるから，(a)は**令和 3 年**である。

　　また，散布図をみると横軸で最大値が 200 を超えるのは平成 20 年のみであるから，(b)は**平成 20 年**である。

　　残った(c)は**平成 7 年**と決まる。

　　よって，　⓪チ

(ⅱ)　箱ひげ図をみると，(a)と(c)の最小値が 100 より小さく，(a)だけ最大値が 250 より大きい。

　　散布図をみると，縦軸の最大値が 250 より大きいのは平成 7 年のみであるから，(a)は**平成 7 年**である。

　　また，散布図をみると縦軸の最小値が 100 未満なのは平成 7 年と令和 3 年だから，(c)は**令和 3 年**である。

　　残った(b)は**平成 20 年**と決まる。

　　よって，　③ッ

(2) **標準**

令和 3 年に 170 cm 未満，100 kg 未満の力士がいるので，⓪は正しくなく，②は正しい。

200 cm 以上かつ 200 kg 以上の両方を満たす力士はいないので，①は正しくない。

身長の範囲は平成 20 年が　$200 - 170 = 30$　より大きいので，③は正しくない。

体重の範囲は平成 7 年が　$250 - 100 = 150$　よりも大きいので，④は正しくない。

身長の四分位範囲は，(2)(i)の箱ひげ図の箱の幅が 3 つともほぼ同じなので，⑤は正しい。

よって，　$\boxed{②, ⑤}_{テ, ト}$

(3) **標準**

また体重の分散が最も大きいのは，250 kg 以上や 100 kg 未満の力士がいてバラつきが多くみられる**平成 7 年**である。　$\boxed{②}_ナ$

(4) **標準**

身長 180 cm，体重 162 kg の BMI は，$h = 1.8$，$w = 162$　として，

$$\frac{w}{h^2} = \frac{162}{1.8^2} = \frac{162}{3.24} = \boxed{50}_{ニヌ}$$

ヒストグラムから中央値について考える。

全部で 70 人なので，中央値は下位から 35 番目，36 番目の平均である。下位から度数をみると，45 未満までが　$1 + 7 + 22 = 30$，50 未満までが $1 + 7 + 22 + 21 = 51$

これより，下位から 35 番目，36 番目つまり中央値を含むのは，45 以上 50 未満なので，③は**正しくない**。

あとは正しいが，確認しておく。

⓪は，最小値は一番左の 30 以上 35 未満にあるので正しい。

①は，範囲が　$60 - 30 = 30$　と 30 以下となりそうだが，右側の数値を含まない。BMI が 60 の力士はいないので，30 未満で正しい。

②は，最頻値は度数が最も大きい 40 以上 45 未満で，階級値は 42.5 なので正しい。

④は，上位から 18 番目が第 3 四分位数になるが，55 以上 60 未満の度数が 7，50 以上 55 未満の度数が 12 なので，上位から 18 番目は 50 以上 55 未満の階級にあるから正しい。

よって，$\boxed{③}_ネ$

分析編

解答・解説編

2021年（第1日程）

予想問題・第1回

予想問題・第2回

予想問題・第3回

データ分析の図の読み取り

力士の身長と体重に関するデータの分析の問題。

(1)　散布図と箱ひげ図の対応を考えるが，特徴的なデータに着目するとよい。本問では最大値，最小値に着目するだけで決まる。相撲ファンならどの力士なのかわかるのだろうが，読み取ればよい。

(2)　正しいものを選ぶので，1つ1つみていくとよい。身長の範囲が 30 cm を超えたり，体重の範囲が 150 を超えたりと，ふつうではありえない値が出てしまうが，読み取れるので正しい。

(3)　分散を計算で求めることができたらよいが，本問のように図だけでは厳しい。分散がバラつきを表すことから考える。100 kg 未満や 250 kg 超の力士がいる平成 7 年は令和 3 年や平成 20 年と比べてバラつきが大きいので，分散も大きいということである。

(4)　BMI の定義どおり計算するが，身長の単位が cm ではなく m なので注意する。
　　　なお，100 cm ＝ 1 m　である。
　　　70 個のデータがあるので，35 個ずつに分けられることから中央値がどこにあるかは決まる。さらに上位と下位に分けた 35 個の中央値を考えると，第 1 四分位数，第 3 四分位数も決まる。
　　　余談だが BMI は 18.5 〜 25 が普通体重とされ，それ以上は肥満とみなされる値である。ヒストグラムから最小値が 30 以上だとわかるので，力士はすべて肥満とみなされる。健康診断でこの数値ならレッドカードなのだが，力士は日頃から鍛えているので，脂肪ではなく筋肉量が多いので大丈夫なのだろう。大相撲の世界で活躍するためには，体がある程度大きいことが必要条件である。

第3問 **数 学 A**

確 率 標準

着眼点

(1) 既読したのに，返信しない確率を考える。
(2) **余事象の確率**も考え，正しいものを1つ選ぶ。
(3) 3人から返信がくる確率を求める。
(4) 1人だけから返信がくる確率を考える。

設問解説

百分率を分数で表すと，次のような確率になる。

	既読する確率	既読しない確率
Aさん	$\dfrac{3}{4}$	$1-\dfrac{3}{4}=\dfrac{1}{4}$
Bさん	$\dfrac{1}{2}$	$1-\dfrac{1}{2}=\dfrac{1}{2}$
Cさん	$\dfrac{1}{4}$	$1-\dfrac{1}{4}=\dfrac{3}{4}$

	既読して返信する確率	既読して返信しない確率
Aさん	$\dfrac{4}{5}$	$1-\dfrac{4}{5}=\dfrac{1}{5}$
Bさん	$\dfrac{4}{5}$	$1-\dfrac{4}{5}=\dfrac{1}{5}$
Cさん	$\dfrac{3}{5}$	$1-\dfrac{3}{5}=\dfrac{2}{5}$

(1) 標準

(ⅰ) 太郎さんがAさんにメッセージを送るとき，Aさんが既読しない確率は，

$$1-\frac{3}{4}=\frac{1}{4}=\boxed{25}_{\text{アイ}}\ (\%)\ \ \cdots\cdots①$$

(ⅱ) 太郎さんがAさんにメッセージを送るとき，Aさんが既読したのに返信しない確率は，

$$\frac{3}{4}\times\frac{1}{5}=\frac{3}{20}=\frac{15}{100}=\boxed{15}_{\text{ウエ}}\ (\%)\ \ \cdots\cdots②$$

(ⅲ) 太郎さんがAさんにメッセージを送るとき，Aさんから返信がこない確率は，(ⅰ)または(ⅱ)の場合より，①＋②として，

$$25+15=\boxed{40}_{\text{オカ}}\ (\%)$$

また，太郎さんがAさんにメッセージを送ってAさんから返信がこないとするとき，Aさんが既読したのに返信しない確率は，

$$\frac{②}{①+②} \quad より$$

$$\frac{15}{40} = \frac{37.5}{100} = \boxed{37}_{\text{キク}} \cdot \boxed{5}_{\text{ケ}} (\%)$$

(iv) 太郎さんがAさん，Bさん，Cさんの3人に同時にメッセージを送って，だれからも返信がこないという条件のもとで，Aさん，Bさん，Cさんが既読スルーをする確率をそれぞれ a, b, c とすると，(iii)より　$a = 37.5 (\%)$

同様にして　$b = \dfrac{\dfrac{1}{2} \cdot \dfrac{1}{5}}{\dfrac{1}{2} + \dfrac{1}{2} \cdot \dfrac{1}{5}} = \dfrac{1}{6} \fallingdotseq 16.66\cdots (\%)$

$$c = \dfrac{\dfrac{1}{4} \cdot \dfrac{2}{5}}{\dfrac{3}{4} + \dfrac{1}{4} \cdot \dfrac{2}{5}} = \dfrac{2}{17} \fallingdotseq 11.7\cdots (\%)$$

よって，$c < b < a$　であるから**Aさんが既読スルーをする確率が最も高い。**　$\boxed{0}_{\text{コ}}$

> 補足　返信がこないことが条件で確率を考えるが，返信がこないのは「既読しない」または「既読スルー」のいずれかであるから，「既読しない」確率が高いと「既読スルー」の確率は小さくなる。よって，B，Cは既読スルーの確率は低いとわかるので，選択するだけなら計算しなくてもAさんが最も大きいとしてよい。

(2) やや難

太郎さんがAさんにメッセージを1回送って，Aさんが返信しない確率は(1)(iii)の40％より，$\dfrac{4}{10}$ である。

太郎さんがAさんにメッセージを2回送って，返信が1回もこない確率は，

$$\left(\frac{4}{10}\right)^2 = \frac{16}{100} = 16 (\%)$$

これは20％未満なので，⓪は正しくない。

太郎さんがAさんにメッセージを2回送って，Aさんが少なくとも1回返信する確率は余事象の確率が1回も返信しない16％であることから，$100 - 16 = 84 (\%)$　である。

これは85％未満なので，②は正しくない。

太郎さんが A さんにメッセージを 3 回送って，返信が 1 回もこない確率は，

$$\left(\frac{4}{10}\right)^3 = \frac{64}{1000} = 6.4\,(\%)$$

　これは 10 ％未満なので，①は正しくない。

　太郎さんが A さんにメッセージを 3 回送って，A さんが少なくとも 1 回返信する確率は，余事象の確率が 1 回も返信しない 6.4 ％であることから，$100 - 6.4 = 93.6\,(\%)$　である。

　これは 90 ％以上なので，③は正しい。

　よって，正しいものを 1 つ選ぶと　③$_サ$。

(3)　**標準**

　A さん，B さん，C さんが既読して返信する確率をそれぞれ $P(A)$，$P(B)$，$P(C)$ とすると，

$$P(A) = \frac{3}{4} \times \frac{4}{5} = \frac{3}{5}$$

$$P(B) = \frac{1}{2} \times \frac{4}{5} = \frac{2}{5}$$

$$P(C) = \frac{1}{4} \times \frac{3}{5} = \frac{3}{20}$$

　よって，太郎さんが A さんと B さんと C さんの 3 人に同時にメッセージを送ったとき，3 人すべてから返信がくる確率は，

$$P(A) \times P(B) \times P(C) = \frac{3}{5} \times \frac{2}{5} \times \frac{3}{20} = \frac{9}{250} = \frac{36}{1000}$$

$$= \boxed{3}_シ.\boxed{6}_ス\,(\%)$$

(4)　**やや難**

　A さん，B さん，C さんが返信しない確率は $P(\overline{A})$，$P(\overline{B})$，$P(\overline{C})$ であるから，

$$P(\overline{A}) = 1 - P(A) = \frac{2}{5}$$

$$P(\overline{B}) = 1 - P(B) = \frac{3}{5}$$

$$P(\overline{C}) = 1 - P(C) = \frac{17}{20}$$

分析編

解答・解説編

2021年（第1日程）

予想問題・第1回

予想問題・第2回

予想問題・第3回

1人だけから返信がくる確率は，

ⓐ　Aさんだけから返信がくるとき，

その確率は $P(A) \times P(\overline{B}) \times P(\overline{C}) = \dfrac{3}{5} \times \dfrac{3}{5} \times \dfrac{17}{20} = \dfrac{153}{500}$

ⓘ　Bさんだけから返信がくるとき，

その確率は $P(\overline{A}) \times P(B) \times P(\overline{C}) = \dfrac{2}{5} \times \dfrac{2}{5} \times \dfrac{17}{20} = \dfrac{68}{500}$

ⓤ　Cさんだけから返信がくるとき，

その確率は $P(\overline{A}) \times P(\overline{B}) \times P(C) = \dfrac{2}{5} \times \dfrac{3}{5} \times \dfrac{3}{20} = \dfrac{18}{500}$

ⓐまたはⓘまたはⓤより，

$\dfrac{153}{500} + \dfrac{68}{500} + \dfrac{18}{500} = \dfrac{239}{500} = \dfrac{478}{1000} = \boxed{47}_{\text{セソ}} . \boxed{8}_{\text{タ}} \,(\%)$

1人だけから返信がくるとするとき，それがAさんからの返信である確率は，

$\dfrac{ⓐ}{ⓐ + ⓘ + ⓤ}$　より　$\dfrac{153}{153 + 68 + 18} = \dfrac{153}{239} \fallingdotseq 64.0\,(\%)$　$\boxed{④}_{\text{チ}}$

72

メッセージ既読と返信の確率

　今やさまざまな通信アプリがある時代だが，既読して返信がくるかの確率である。百分率は理解しているだろうか？

百 分 率

$$a(\%) = \frac{a}{100}$$

　確率を百分率で表すときは割り算をまともにするのではなく，分母に 10 や 100 や 1000 をつくると計算しやすくなる。

　$10 = 2 \times 5$　なので分母の素因数が 2 または 5 のみの場合は，10 の累乗をつくることを考えてみよう。

　たとえば　$\dfrac{1}{5^3} = \dfrac{2^3}{2^3 \cdot 5^3} = \dfrac{8}{1000} = \dfrac{0.8}{100} = 0.8\,(\%)$　のように変形することができる。

▶設問解説 でもこのような変形を用いている。

(1)　既読したかしないか，返信するかしないかの確率を考える。

　　返信がこない場合は，「既読しない」または「既読スルー」の 2 つの場合である。(iv)は，既読スルーの確率が大きい人を考えるが，返信しない確率が最も大きい C さんではない。

　　まともに計算しても ▶設問解説 のように求めることはできるが，返信しない理由が既読しない確率が高い C さんに関しては，既読スルーの確率が低いことがわかるだろう。

　　「メッセージ未読」「既読スルー」はなるべくやめてほしい行為ではある。

(2)　⓪と②，①と③は余事象の関係になっていることに気づくとよい。計算も $\dfrac{2}{5}$ よりも $\dfrac{4}{10}$ としたほうが百分率になおしやすい。

(3)　3 人すべてから返信がくる確率は 3.6 ％ というかなり低い結果であった。

(4)　$\overline{A}$ は事象 A の余事象を表す。$P(\overline{A})$ は(1)(iii)の答えにもなる。

　　1 人だけから返信がくる確率は，その 1 人が誰かで場合分けするとよい。

　　最後は条件付き確率だが選択肢から 1 つ選ぶので計算しなくても少し近似して，

$$\frac{153}{239} \fallingdotseq \frac{150}{240} = \frac{5}{8} = 0.625$$

　　これより，④64 としてもマーク方式だから問題ない。ただし，選択肢の数字のちがいが小さい場合，近似は厳しくなる。

整数の性質　やや難

▶**着 眼 点**

(1)　具体的な整数で互いに素であるかを調べる。

(2)　文字の入った 2 つの整数が互いに素になる条件 p を考える。

(3)　(2)よりも複雑な 2 つの整数が互いに素になる条件 q を考える。

(4)　条件 p, q を満たす n の個数を数える。

▶**設問解説**

(1)　標準

　　2 つの整数 a, b の最大公約数を $g(a, b)$ と表すことにする。

　　ユークリッドの互除法から，

$$g(24337, 158) = g(158, 5) = 1$$

　　158 と 24337 は最大公約数が 1 で互いに素であるから(I)は**正しい**。

$$g(97348, 313) = g(313, 5) = 1$$

　　313 と 97348 は互いに素であるから(II)は**正しい**。

　　$97348 = 4 \cdot 24337$ と 313 は最大公約数が 1 で素因数分解して共通の素因数をもたないので 24337 と 313 も共通の素因数をもたない。

　　すなわち，24337 と 313 は互いに素であるから(III)は**正しい**。

　　よって，　$\boxed{0}_{ア}$

(2)　やや難

$$n^2 + 1 = (n + 2)\left(n - \boxed{2}_{イ}\right) + \boxed{5}_{ウ} \quad \cdots\cdots ①$$

　　$n + 2$ と $n^2 + 1$ の正の公約数を d とすると，

$$\begin{cases} n + 2 = da \\ n^2 + 1 = db \end{cases} \quad (a, \ b \ は整数)$$

と表せる。

　　これを①へ代入して，

$$db = da(n - 2) + 5 \quad すなわち \quad d\{b - a(n - 2)\} = 5$$

　　$b - a(n - 2)$ は整数であるから　$d = 1$　または　$d = 5$

　　よって，$n + 2$ と $n^2 + 1$ の公約数で正のものは，$\boxed{1}_{エ}$ と $\boxed{5}_{オ}$ に限られる。

　　このことから，$n + 2$ と $n^2 + 1$ の公約数が 5 でないならば，最大公約

数は 1 になるので，$n+2$ と n^2+1 は互いに素になる。

　$n+2$ と n^2+1 がともに 5 を約数にもつとすると，
$n+2$ が 5 を約数にもつので，a を整数として，

$$n+2=5a \quad \text{すなわち} \quad n=5a-2 \quad \cdots\cdots ②$$

と表せる。

補足　②より，このとき①は　$n^2+1=5a(n-2)+5$
$$=5\{a(n-2)+1\}$$

$a(n-2)+1$ は整数であるから n^2+1 も $\boxed{5}_{オ}$ を約数にもつ。

　②より，$n^2+1=(5a-2)^2+1=25a^2-20a+5=5(5a^2-4a+1)$
$5a^2-4a+1$ は整数であるから，n^2+1 も $\boxed{5}_{オ}$ を約数にもつ。

　以上より，$n+2$ と n^2+1 がともに 5 を約数にもつ条件は，②より，

$$n=3,\ 8,\ 13,\ 18,\ \cdots\cdots$$

すなわち，n は $\boxed{5}_{カ}$ で割ると余りが $\boxed{3}_{キ}$ である自然数である。

　よって，$n+2$ と n^2+1 が互いに素になる条件 p は，

　n は 5 で割ると余りが 3 ではない自然数である。

別解　①でユークリッドの互除法を用いて，

$$g(n^2+1,\ n+2)=g(n+2,\ 5)$$

$g(n+2,\ 5)=1$ になる条件は，$n+2$ が 5 の倍数にならないことである。

　よって，条件 p は，n は $\boxed{5}_{カ}$ で割ると余りが $\boxed{3}_{キ}$ ではない自然数である。

(3) **やや難**

　恒等式 $\boxed{4}_{ク}(n^2+1)=(2n+1)(2n-\boxed{1}_{ケ})+\boxed{5}_{コ}$ $\cdots\cdots ③$

(2)と同様にして，$2n+1$ と n^2+1 の正の公約数を d とすると，

$$\begin{cases} 2n+1=da \\ n^2+1=db \end{cases} (a,\ b \text{ は整数})$$

と表せる。

　これを③へ代入して，

$$4db=da(2n-1)+5 \quad \text{すなわち} \quad d\{4b-a(2n-1)\}=5$$

$4b-a(2n-1)$ は整数であるから，$d=1$ または $d=5$

　よって，$2n+1$ と n^2+1 の公約数は，$\boxed{1}_{サ}$ と $\boxed{5}_{シ}$ に限られる。

　このことから，(2)と同様に $2n+1$ と n^2+1 の公約数が 5 でないならば，最大公約数は 1 になるので，$n+2$ と n^2+1 は互いに素になる。

分析編

解答・解説編

2021年（第1日程）

予想問題・第1回

予想問題・第2回

予想問題・第3回

$2n+1$ と n^2+1 の公約数が 5 になる条件を考える。

$2n+1$ が 5 を約数にもつとすると，m を整数として，

$$2n+1=5m \quad \cdots\cdots④$$

と表せる。

$$2\cdot2+1=5\cdot1 \quad \cdots\cdots⑤$$

④－⑤として $2(n-2)=5(m-1)$

2 と 5 は互いに素であるので，$n-2$ は 5 の倍数であるから，整数 k を用いて，

$$n-2=5k \quad \text{すなわち} \quad n=5k+2 \quad \cdots\cdots⑥$$

と表せる。

よって，n は $\boxed{5}_{\text{ス}}$ で割ると余りが $\boxed{2}_{\text{セ}}$ である自然数である。

⑥より，$n^2+1=(5k+2)^2+1=25k^2+20k+5=5(5k^2+4k+1)$

$5k^2+4k+1$ は整数であるから，n^2+1 も 5 を約数にもつ。

すなわち，n^2+1 は 5 で割ると余りが $\boxed{0}_{\text{ソ}}$ となる。

補足 ④を③へ代入して，

$$4(n^2+1)=5m(2n-1)+5 \quad \text{すなわち，}$$
$$4(n^2+1)=5\{m(2n-1)+1\}$$

n^2+1，$m(2n-1)+1$ は整数で 4 と 5 は互いに素であるから，n^2+1 も 5 を約数にもつ。

ゆえに，$2n+1$ と n^2+1 の公約数が 5 になる条件は⑥より，

$$n=2,~7,~12,~17,~\cdots\cdots$$

すなわち，n は $\boxed{5}$ で割ると余りが $\boxed{2}$ となる自然数

よって，$2n+1$，n^2+1 が互いに素になる条件 q は，

n は $\boxed{5}_{\text{タ}}$ で割ると余りが $\boxed{2}_{\text{チ}}$ ではない自然数である。

補足 ③でユークリッドの互除法を用いて，

$$g(4(n^2+1),~2n+1)=g(2n+1,~5)$$

$g(2n+1,~5)=1$ となる条件は，$2n+1$ が 5 の倍数にならないことである。

このとき，$4(n^2+1)$ と $2n+1$ は互いに素であるから，n^2+1 と $2n+1$ も互いに素である。

(4) **標準**

999 以下の自然数の中で，

5 で割って余りが 2 のものは $2,~7,~12,~17,~\cdots,~997$ の 200 個

5 で割って余りが 3 のものは　3, 8, 13, 18, …, 998 の 200 個

　　よって，2 つの条件 p, q をともに満たす 999 以下の自然数 n は，5 で割って余りが 2, 3 以外の自然数であるから，全部で，

$$999 - (200 + 200) = \boxed{599}_{\text{ッテト}} \text{（個）}$$

> ▶ **研　究**

（互いに素になる条件）

　　2 つの整数が互いに素になる条件を考える問題。問題文にもあるが，「互いに素になる」とは最大公約数が 1，つまり素因数分解したときに共通の素因数をもたないことである。

　　たとえば，$40(=2^3 \cdot 5)$ と $21(=3 \cdot 7)$ は互いに素である。注意として「互いに素である」ことは，「互いに素数である」ということではない。

(1)　ユークリッドの互除法を用いると，2 つの整数の最大公約数が求められる。

> **ユークリッドの互除法**
>
> 　2 つの整数 x, y の最大公約数を $g(x, y)$ と表すことにする。
>
> 　0 でない 2 つの整数 a, b が，整数 q, r を用いて
>
> 　　$a = bq + r$
>
> と表されるとき
>
> 　　$g(a, b) = g(b, r)$
>
> つまり
>
> 　　**（a と b の最大公約数）＝（b と r の最大公約数）**

　　(I)は上で，$a = 24337$，$b = 158$，$r = 5$　として考えている。

　　つまり，24337 と 158 の最大公約数は，158 と 5 の最大公約数と同じになるということである。

　　このように，ユークリッドの互除法の利点は大きな数の最大公約数を小さい数にして考えることができることである。

　　また，(Ⅲ)は次のようなことを考えている。

> 　2 つの整数 x と y が互いに素であるならば，x の約数と y は互いに素になる。

　　x の約数が y と共通の素因数をもたないからである。

　　たとえば，$x = 40(=2^3 \cdot 5)$　と　$y = 21(=3 \cdot 7)$　は互いに素であるが，x の約数 $10(=2 \cdot 5)$ は 21 と互いに素になる。

　　本問では(Ⅱ)にあるように，$x = 97348(=4 \times 24337)$　と　$y = 313$　が互いに素であるから，97348 の約数である 24337 と 313 は互いに素になる。

　　なお，直接素因数分解して，$158 = 2 \cdot 79$　のようにして考えてもよいが，時間が

分析編

解答・解説編

2021年（第1日程）

予想問題・第1回

予想問題・第2回

予想問題・第3回

かかる。しかも，313, 24337 を素因数分解するのは厳しい。

　ややこしい数式だが，じつは(2)，(3)の 問題1，問題2 にある「$n+2$とn^2+1」「$2n+1$，n^2+1」で，$n=156$ としている値である。

(2) 問題文にあるように，$n^2+1=(n+2)(n-2)+5$ と変形すると，5がnに関係ない定数となるので，$n^2+1-(n+2)(n-2)=5$ としたほうがわかりやすいかもしれないが，n^2+1と$n+2$は5の約数をもつことに気づきたい。

　▶設問解説 のように正の公約数をdなどとおいて考えてみるとよい。

　n^2+1と$n+2$の正の公約数は1と5に限られるので，公約数が5でなければ，最大公約数が1と確定して互いに素になる。つまり，公約数が5にならないことが条件pになる。

　公約数が5になる条件は，n^2+1と$n+2$がともに5の約数をもつことである。

　本問では，「$n+2$が5を約数にもつ」ならば「n^2+1も5を約数にもつ」ことを考えている。

　別解 のようにユークリッドの互除法を(1)のように数字ではなく文字式でも用いることができる。

(3) (2)と同じように考えることで，条件qは求められる。

　$4(n^2+1)=(2n+1)(2n-1)+5$ と変形することでnに関係ない5をつくり変形する。

　4がついているが，(1)(III)であったように，$4(n^2+1)$と$2n+1$が互いに素ならば，$4(n^2+1)$の約数n^2+1と$2n+1$も互いに素になる。

　$2n+1$が5を約数にもつ条件は▶設問解説 にあるように，1次不定方程式を解けばよい。

(4) 5で割って余りが2, 3でない自然数を考えるだけである。

　999 以下の5で割って余りが2の自然数は，$n=5k-3$ $(k=1, 2, \cdots, 200)$ と200 個あるが，1000 以下の5の倍数となる自然数は5, 10, 15, $\cdots$, 1000 と $\dfrac{1000}{5}=200$（個）あり，この5の倍数のそれぞれから3をひくことで，5で割ったときの余りが2の数ができるので，個数は変わらないというように考えることもできる。

　余りが3の自然数の場合も同様である。

三角形の性質 **標準**

着 眼 点

(1) 直角三角形の**重心**，**外心**，**垂心**，**内心**の位置を考える。

(2) 鋭角三角形の外心と垂心から，ある点の位置を考察する。

設問解説

(1) **標準**

$CA < BC < AB$　である直角三角形 ABC は斜辺が AB であり，$\angle ACB = 90°$　である。線分 BA，BC の中点をそれぞれ M，N とし，△ABC の中線 AN，CM の交点を P とするので，点 P は△ABC の重心である。

これより　$\dfrac{PM}{CP} = \dfrac{\boxed{1}_{ア}}{\boxed{2}_{イ}}$

△ABC の重心は**点 P**　$\boxed{③}_{ウ}$

△ABC の外接円の直径が線分 AB であるから，外心は**点 M**　$\boxed{④}_{エ}$

垂心は，点 A を通り直線 BC に垂直な直線 AC と，点 B を通り直線 AC に垂直な直線 BC の交点より，**点 C**　$\boxed{②}_{オ}$

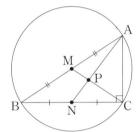

$\angle BAC$ の内角の二等分線と辺 BC の交点を D とすると，

$$BD : DC = AB : AC$$

$AB > AC$　であるから，点 D は線分 NC 上にある。

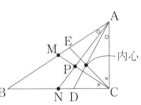

$\angle ACB$ の内角の二等分線と辺 AB の交点を E とすると，

$$AE : EB = CA : BC$$

$CA < BC$　であるから，点 E は線分 AM 上にある。

内心は 2 線分 AD，CE の交点であるから△PCA の**内部**にある。　$\boxed{②}_{カ}$

(2) やや難

　△ABC は鋭角三角形なので，△ABC の外心 O や垂心 H は△の内部にある。

　△ABCの外接円上に線分 BD が外接円の直径となるように点 D をとり，点 O から線分 BC へ垂線 OE を下ろすと，

点 E は線分 BC の中点であるから，$\dfrac{\text{BE}}{\text{BC}} = \dfrac{\boxed{1}_{\text{キ}}}{\boxed{2}_{\text{ク}}}$

線分 BD が直径であるから　∠BCD = 90°

∠BEO = 90°　でもあるから　OE ∥ DC

　よって，△BOE ∽ △BDC　であるから，

$\dfrac{\text{OE}}{\text{CD}} = \dfrac{\text{BE}}{\text{BC}} = \dfrac{\boxed{1}_{\text{ケ}}}{\boxed{2}_{\text{コ}}}$　……①

　また，∠BAD = ∠BCD = 90°　と点 H が垂心であることから，

AB ⊥ **AD**　かつ　AB ⊥ **CH**　より　AD ∥ CH　$\boxed{④, ⑧}_{\text{サ, シ}}$

BC ⊥ **AH**　かつ　BC ⊥ **CD**　より　AH ∥ CD　$\boxed{⑤, ⑦}_{\text{ス, セ}}$

　このことから四角形 AHCD は平行四辺形であるから　AH = CD

すなわち

$$\dfrac{\text{OE}}{\text{AH}} = \dfrac{\text{OE}}{\text{CD}} = \dfrac{\boxed{1}_{\text{ソ}}}{\boxed{2}_{\text{タ}}}\ (\because ①)\ \cdots\cdots②$$

　直線 OH と直線 AE の交点を Q とすると

AH ∥ OE　なので，

△OQE ∽ △HQA　であるから，

$$\dfrac{\text{QE}}{\text{AQ}} = \dfrac{\text{OE}}{\text{AH}} = \dfrac{\boxed{1}_{\text{チ}}}{\boxed{2}_{\text{ツ}}}\ (\because ②)$$

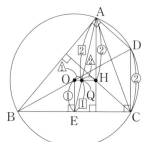

線分 AE は△ABCの中線であり

AQ : QE = 2 : 1　であるから，

点 Q は△ABC**の重心** $\boxed{③}_{\text{テ}}$ であり　$\dfrac{\text{OQ}}{\text{OH}} = \dfrac{\boxed{1}_{\text{ト}}}{\boxed{3}_{\text{ナ}}}$

三角形の外心，重心，垂心，内心

　三角形において，外心，重心，垂心，内心について考察する問題で，
それらについて整理しておくと次のとおりである。

三角形の外心，内心，重心，垂心の位置関係

　三角形において，外心，重心，垂心が一直線上に並ぶことを考察する問題だった。

(1)　外心，内心，重心，垂心の定義はしっかりおさえておこう。

三角形の外心

　三角形の 3 つの辺の**垂直二等分線**の交点を，
　　三角形の**外心**
という。
　外心は三角形の**外接円**の中心である。

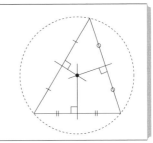

三角形の内心

　三角形の 3 つの**内角の二等分線**の交点を，
　　三角形の**内心**
という。
　内心は三角形の**内接円**の中心である。

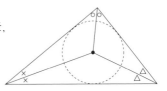

三角形の重心

　三角形の 3 つの**中線**の交点を，
　　三角形の **重 心**
という。
　重心は，右図のように各中線を
2 : 1 に内分する。

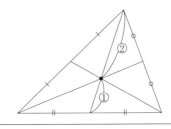

三角形の垂心

　三角形の各頂点から**対辺**またはその延長
線上に下ろした 3 本の**垂線**の交点を，
　　三角形の**垂心**
という。

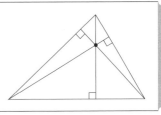

直角三角形のときは，本問のように外心は斜辺の中点，垂心は直角となる頂点上にある。

　また，鈍角三角形のときは，外心，垂心は三角形の外部にある。

　△ABC は　AB > AC　となる鋭角三角形であることに注意する。外心 O や垂心 H は，△ABC の内部にある。図をしっかり描いて問題の流れにのって考えるとよい。

　点 O から線分 BC に垂線 OH を下ろすので，

$$OE \perp BC$$

線分 BD が直径であるから，

$$\angle BAD = \angle BCD = 90°$$

点 H は △ABC の垂心であるから，

$$AH \perp BC \quad かつ \quad CH \perp AB$$

直角から平行線がみえて，平行四辺形 AHCD に着目する。

　最後は，点 Q が △ABC の重心であることに気づきたい。

　正三角形は外心，重心，垂心が一致するが，それ以外の鋭角三角形においては，外心，重心，垂心が一直線上に並ぶというおもしろい性質がみえてくる。

　なお，直角三角形でもその性質がある。それは(1)で M が外心，P が重心，C が垂心であったことからわかる。さらに鈍角三角形のときも ∠BAC が鈍角の △ABC で考えると右図のようになり，(2)と同様に平行四辺形 AHCD に着目すると，同じ性質が出てくる。

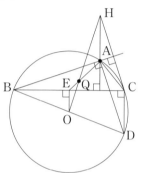

　この問題には次の定理が背景にあるので，紹介しておく。

オイラー線

　三角形において，外心を O，重心を G，垂心を H とすると，3 点 O，G，H は同じ直線上に存在し，つねに，

$$2OG = GH$$

が成り立つ。

　ただし，正三角形のときは，3 点 O，G，H は一致するので，

$$OG = GH = 0$$

とする。

　正三角形以外のときは，点 G は線分 OH を 1 : 2 に内分する。

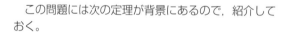

予想問題
第2回
解答・解説

問題番号(配点)	解答記号	正　解	配点	問題番号(配点)	解答記号	正　解	配点
第1問(30)	$-\dfrac{ア}{イ}\leqq x\leqq$ ウ	$-\dfrac{3}{2}\leqq x\leqq 2$	2	第3問(20)	ア	⓪	2
	エ	4	2		イ	②	2
	オ$\sqrt{カキ}$	$2\sqrt{14}$	2		ウ	②	2
	ク	9	2		エオp^2+カp	$-3p^2+2p$	3
	ケ, コ, サ	⓪, ②, ⑤(解答の順序は問わない)	2		キ	③	2
	シス	15	2		クケ$p^2+p+\dfrac{コ}{サ}$	$-2p^2+p+\dfrac{1}{4}$	3
	セ$\leqq a<\dfrac{ソ}{タ}$	$2\leqq a<\dfrac{5}{2}$	3		$\dfrac{シ}{ス}$	$\dfrac{1}{4}$	1
	チ	⓪	2		$\dfrac{セ}{ソ}$	$\dfrac{3}{8}$	2
	ツ	⓪	1		$\dfrac{タ}{チツ}$	$\dfrac{4}{33}$	3
	テ	②	2	第4問(20)	ア, イ	7, 6	2
	ト	①	1		ウエ	15	1
	ナ	①	2		オカ	13	2
	ニ	5	2		キ	1	1
	ヌ	4	1		ク	①	2
	ネ	4	2		ケ	⑤	3
	ノ	4	2		コ	⑥	2
第2問(30)	ア	②	2		サ	⓪	3
	イ	⑤	3		シ, ス	3, 4	4(各2)
	ウ, エ	①, ④(解答の順序は問わない)	4(各2)	第5問(20)	$\dfrac{アイ}{ウ}$	$\dfrac{10}{9}$	2
	オ	②	4		$\dfrac{エ}{オ}$	$\dfrac{2}{3}$	2
	カ, キ	③, ⑤(解答の順序は問わない)	4(各2)		$\dfrac{カキ}{ク}$	$\dfrac{10}{9}$	2
	ク, ケ	②, ⑤(解答の順序は問わない)	4(各2)		ケ	⓪	2
	コ	②	3		コ	3	2
	サ	⓪	2		サ	①	1
	シ, ス	⓪, ⑤(解答の順序は問わない)	4(各2)		シ	①	1
					ス	①	2
					セ	⓪	2
					$\dfrac{ソタ}{チツ}$	$\dfrac{25}{24}$	2
					テ	⓪	2

(注)
　第1問, 第2問は必答。第3問〜第5問のうちから2問選択。計4問を解答。

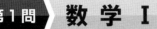
1 ２次不等式 標準

着眼点

(1) 不等式を満たす整数の個数を求める。

(2) 絶対値の性質を考えて，不等式を満たす整数の個数を求める。

(3) (2)をヒントに不等式を満たす整数 x の個数が９個になる条件を考える。

設問解説

(1) やや易

①の不等式は (左辺) を因数分解して $(2x+3)(x-2a) \leqq 0$

$a > 0$ より $-\dfrac{3}{2} < 2a$ であるから，①を満たす x の範囲は，

$-\dfrac{3}{2} \leqq x \leqq 2a$

・$a = 1$ のとき，

①を満たす x の範囲は，

$-\dfrac{\boxed{3}_{ア}}{\boxed{2}_{イ}} \leqq x \leqq \boxed{2}_{ウ}$

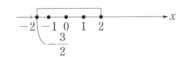

①を満たす整数 x は $x = -1,\ 0,\ 1,\ 2$ の $\boxed{4}_{エ}$ 個

・$a = \sqrt{14}$ のとき，

①を満たす x の範囲は，

$-\dfrac{3}{2} \leqq x \leqq \boxed{2}_{オ}\sqrt{\boxed{14}}_{カキ}$

ここで，$2\sqrt{14} = \sqrt{56}$

$\sqrt{49} < \sqrt{56} < \sqrt{64}$ であるから $7 < 2\sqrt{14} < 8$

①を満たす整数 x は $x = -1,\ 0,\ 1,\ 2,\ 3,\ 4,\ 5,\ 6,\ 7$ の $\boxed{9}_{ク}$ 個

(2) （標準）

(i) 実数 x に関して $x^2=|x|^2$, $|x|\geqq 0$, $|\pm x|=|x|$ は正しい。

よって, 正しいものは $\boxed{0, ②, ⑤}_{ケ, コ, サ}$

(ii) $x^2=|x|^2$ から, ②の不等式は, $2|x|^2-(4a-3)|x|-6a\leqq 0$

つまり, ①の x を $|x|$ におきかえて, ②を満たす x は $-\dfrac{3}{2}\leqq|x|\leqq 2a$

$|x|\geqq 0$ なので $0\leqq|x|\leqq 2a$ ……②′

$a=\sqrt{14}$ のとき,

②′は $0\leqq|x|\leqq 2\sqrt{14}$

これを満たす整数 x は, $7<2\sqrt{14}<8$ であることから,

$x=0, \pm1, \pm2, \pm3, \pm4, \pm5, \pm6, \pm7$ の $\boxed{15}_{シス}$ 個

別解 ⓐ

$x\geqq 0$ ならば $|x|=x$ より,

②は $2x^2-(4a-3)x-6a\leqq 0$

$a=\sqrt{14}$ のとき, (1)から $-\dfrac{3}{2}\leqq x\leqq 2\sqrt{14}$

$x\geqq 0$ なので $x=0, 1, 2, 3, 4, 5, 6, 7$ の8個

ⓑ

$x<0$ ならば $|x|=-x$ より,

②は $2x^2+(4a-3)x-6a\leqq 0$

$(2x-3)(x+2a)\leqq 0$

$a=\sqrt{14}$ のとき $(2x-3)(x+2\sqrt{14})\leqq 0$

$\therefore -2\sqrt{14}\leqq x\leqq\dfrac{3}{2}$

$x<0$ なので $x=-7, -6, -5, -4, -3, -2, -1$ の7個

よって, ⓐ, ⓑより $8+7=\boxed{15}_{シス}$（個）

(3) （やや難）

②′を満たす整数 x がちょうど9個となるのは

$x=0, \pm1, \pm2, \pm3, \pm4$ を満たすことから,

$4\leqq 2a<5$

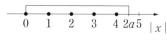

よって, $\boxed{2}_{セ}\leqq a<\dfrac{\boxed{5}_{ソ}}{\boxed{2}_{タ}}$

86

不等式を満たす整数の個数

不等式を満たす整数の個数を調べる問題。①の不等式の x を $|x|$ にかえると②の不等式になる。

(1)　①の (左辺) は因数分解できて，①を満たす x の範囲は　$-\dfrac{3}{2} \leqq x \leqq 2a$　である。

①を満たす整数 x は，$x = -1, \ 0, \ 1, \ 2, \ \cdots, \ [2a]$　（ただし，$[2a]$ は $2a$ を超えない最大の整数）とわかる。

本問では，$a = 1$　と　$a = \sqrt{14}$　の場合のみを考えている。

$2\sqrt{14}$ の整数部分は，$\sqrt{14} = 3.\cdots$　だから，2 倍して，$2\sqrt{14} = 6.\cdots$　なので，$6 < 2\sqrt{14} < 7$　などと間違えないようにする。

$2\sqrt{14} = \sqrt{2^2 \cdot 14} = \sqrt{56}$　と 2 を根号の中に入れてから考えるのが基本である。

なお，$a > 0$　の条件がなかった場合は，とくに　$a < -\dfrac{3}{4}$　ならば，$2a < -\dfrac{3}{2}$

となるので，x の範囲は　$2a \leqq x \leqq -\dfrac{3}{2}$　であることに注意する。

(2)　(i)にあるように，実数 x に対して，

　　⓪　$x^2 = |x|^2$　　　②　$|x| \geqq 0$　　　⑤　$|\pm x| = |x|$

が成り立つ。

①，③，④は成り立たない。x に具体的な数値を代入すると，成り立たないことが確認できる。

　　①　$x^2 = \pm|x|$　は，$x = 3$　とすると，　$9 = \pm 3$

　　③　$|x| \leqq 0$　　は，$x = -3$　とすると，$3 \leqq 0$

　　④　$|x| = \pm x$　は，$x = 3$　とすると，　$3 = \pm 3$

　　一般に，実数 x について

$$|x| = \begin{cases} x & (x \geqq 0) \\ -x & (x < 0) \end{cases}$$

であることから，②の不等式は 別解 のように，$x \geqq 0$，$x < 0$　と場合分けして考えてもよいが，会話にあるように絶対値の性質を利用して考えるとよい。

　　②の不等式は①の不等式の x を $|x|$ にかえているだけなので，①を満たす x の範囲がわかれば，$|x|$ の範囲もわかる。このとき，$|x| \geqq 0$　であることに注意する。

　　一般に　$r > 0$　として　$|x| = r$　ならば　$x = \pm r$　であることから，正の整数 r に対して，x は $\pm r$ と 2 個の整数となる。

(3)　整数 x の個数がちょうど 9 個になる場合を考える。(2)をヒントにするとよい。

$|x| \leqq 2a$　を満たす整数 x は $2a$ の値によって決まる。

　　数直線をイメージするとよいが，ちょうど 9 個の整数 x は　$x = 0, \ \pm 1, \ \pm 2, \ \pm 3, \ \pm 4$　である。

最後に，軽く 追加問題 を出しておこう。

追加問題1

①を満たす整数 x がちょうど 9 個となる正の実数 a の値の範囲は

$$\boxed{} \leqq a < \boxed{}$$

《解 答 例》

①の不等式を満たす x の範囲は　$-\dfrac{3}{2} \leqq x \leqq 2a$

整数 x がちょうど 9 個となるのは，$x = -1, 0, 1, 2, 3, 4, 5, 6, 7$　を満たすことから，

$7 \leqq 2a < 8$

よって　$\boxed{\dfrac{7}{2}} \leqq a < \boxed{4}$

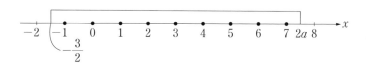

追加問題2

$a < -\dfrac{3}{4}$　となる a について，①を満たす整数 x がちょうど 9 個となる

a の値の範囲は

$$\boxed{} < a \leqq \boxed{}$$

《解 答 例》

①の不等式を満たす x の範囲は　$2a \leqq x \leqq -\dfrac{3}{2}$

整数 x がちょうど 9 個となるのは，

$x = -10, -9, -8, -7, -6, -5, -4, -3, -2$

を満たすことから，

$-11 < 2a \leqq -10$

よって　$\boxed{-\dfrac{11}{2}} < a \leqq \boxed{-5}$

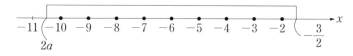

88

② 図形と計量 標準

▶着眼点◀

(1) 平行四辺形の面積を求める。

(2) 平行四辺形の対角線の長さの大小関係を調べる。

(3) 平行四辺形の対角線の長さに関する関係式をみる。

(4) x と y の大小関係を考える。

(5) (2), (3), (4)をヒントに円と平行四辺形の共有点の個数を求める。

▶設問解説◀

(1) やや易

△ABC ≡ △CDA より，平行四辺形 ABCD の面積は，△ABC の面積の 2 倍になる。

$$\frac{1}{2} \cdot 3 \cdot 4 \sin\theta \times 2 = 12 \sin\theta \quad \boxed{0}_{\text{チ}}$$

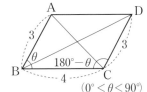

$(0° < \theta < 90°)$

(2) やや易

AB = CD = 3, AD = BC = 4

∠ABC = θ （$0° < \theta < 180°$） とおくと，∠BCD = $180° - \theta$

$0 < \theta < 90°$ のとき，∠ABC < ∠BCD であるから，△ABC，△BCD で対辺の長さを考えて，**AC < BD** $\boxed{0}_{\text{ツ}}$

$90° < \theta < 180°$ のとき，∠ABC > ∠BCD であるから，△ABC，△BCD で対辺の長さを考えて，**AC > BD** $\boxed{2}_{\text{テ}}$

(3) 標準

△ABC，△BCD にそれぞれ余弦定理を用いて，

$$AC^2 = 3^2 + 4^2 - 2 \cdot 3 \cdot 4 \cos\theta = 25 - 24\cos\theta$$
$$BD^2 = 3^2 + 4^2 - 2 \cdot 3 \cdot 4 \cos(180° - \theta) = 25 + 24\cos\theta$$

よって，**$AC^2 + BD^2 = 50$**

これは $0° < \theta < 180°$ であるすべての θ に対して成り立つ。$\boxed{0}_{\text{ト}}$，$\boxed{0}_{\text{ナ}}$

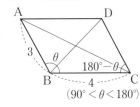

$(90° < \theta < 180°)$

(4) 標準

$x > 0$, $y > 0$ について，

$$\begin{cases} x < y & \cdots\cdots① \\ x^2 + y^2 = 50 & \cdots\cdots② \end{cases}$$

であるならば，

x, y は正より，①の両辺を 2 乗して $x^2 < y^2$ $\cdots\cdots①'$

②より $y^2 = 50 - x^2$ ……②′

②′を①′へ代入して

$x^2 < 50 - x^2$ すなわち $x^2 < 25$

②から $y^2 > 25$

よって $x^2 < 25 < y^2$ であるから $x < \boxed{5}_= < y$ である。

別解 ①より $x^2 < y^2$

$x^2 < y^2 \leqq 25$ とすると $x^2 + y^2 < 25 + 25 = 50$ より，②を満たさない。

$25 \leqq x^2 < y^2$ とすると $x^2 + y^2 > 25 + 25 = 50$ より，②を満たさない。

よって $x^2 < 25 < y^2$ であるから $x < \boxed{5}_= < y$

(5) **やや難**

平行四辺形 ABCD は平行四辺形より，対角線 AC, BD の交点 O は対角線の中点である。

• $\theta = 90°$ のとき

平行四辺形 ABCD は長方形で，
$\angle ABC = \angle ADC = 90°$, $AC = BD = 5$ より点 O を中心とする直径 5 の円は 4 つの頂点 A, B, C, D を通る。

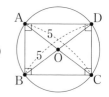

よって，共有点の個数は $\boxed{4}_{ヌ}$ 個

• $0° < \theta < 90°$ のとき

(2)より $AC < BD$

(3)より $AC^2 + BD^2 = 50$

(4)を考えて対角線の長さの関係は，
$AC < 5 < BD$

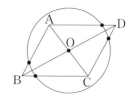

これより，2 点 B，D は円の外部，2 点 A，C は円の内部に存在する。

よって，共有点は $\boxed{4}_{ネ}$ 個となる。

• $90° < \theta < 180°$ のとき

(2)より $AC > BD$

(3)より $AC^2 + BD^2 = 50$

(4)を考えて対角線の長さの関係は，
$AC > 5 > BD$

これより，2 点 A，C は円の外部，2 点 B，D は円の内部に存在する。

よって，共有点は $\boxed{4}_{ノ}$ 個となる。

研　究

平行四辺形の対角線

平行四辺形の対角線に関する問題。

(1) 平行四辺形は対角線を 1 本引くと合同な三角形が 2 つつくれるので，三角形の面積を 2 倍すると，平行四辺形の面積が求められる。

(2) 図からわかる話ではあるが，「2021 年 1 月実施　共通テスト・第 1 日程」の 第1問 ❷ にも類題があった。

(3) $\theta = 90°$ のときは長方形なので，三平方の定理を用いると対角線の長さは等しく　$AC = BD = 5$　である。

$\cos(180° - \theta) = -\cos\theta$　の関係から変形して，

余弦定理を用いると，$\begin{cases} AC^2 = 25 - 24\cos\theta \\ BD^2 = 25 + 24\cos\theta \end{cases}$　である。

θ の値によらず，対角線の 2 乗の和は　$AC^2 + BD^2 = 50$　と一定値になる。このことから，(2)の 別解 を書いておくと，

差をとると，$AC^2 - BD^2 = -48\cos\theta$

$0° < \theta < 90°$　のとき　$\cos\theta > 0$　であるから　$-48\cos\theta < 0$

これより　$AC^2 - BD^2 < 0$　であるから　$AC^2 < BD^2$　より　$AC < BD$

(4) $x < 5 < y$　は直観的にもわかるだろう。x と y が等しいときを基準にして考えるとよい。

$x = y$　かつ　$x^2 + y^2 = 50$　ならば，$x = y = 5$　である。

$x \neq y$　かつ　$x^2 + y^2 = 50$　ならば，x と y の一方が 5 より小さく，他方が 5 より大きい。

別解 は 25 以下の異なる 2 つの数をたしたら 50 より小さいし，25 以上の異なる 2 つの数をたせば 50 より大きくなるので，たして 50 にはならない。したがって，一方が 25 以下，他方が 25 以上になる。

(5) 難しいと思うが，(2)〜(4)をヒントに考えてみてほしい。対角線の交点 O が円の中心で直径が 5 であるから，平行四辺形の 4 つの頂点がどこにくるかを考えるとよい。

$\theta = 90°$　ならば，対角線 AC，BD はともに直径と同じ長さ 5 になるから頂点は円周上にある。$\theta \neq 90°$　ならば(4)より対角線 AC，BD の一方は円の直径 5 より短く，他方は長くなるから，2 つの頂点が円の外部，2 つの頂点が円の内部にある。頂点を結ぶと平行四辺形の各辺は円と共有点をもつ。じつは，θ の値によらず，共有点は 4 個であった。本問を一般化すると，次のようになる。

> $AB = a$，$AD = b$　である平行四辺形 ABCD について，
>
> ① 対角線の長さの 2 乗の和は，$AC^2 + BD^2 = 2(a^2 + b^2)$
>
> ② 対角線 AC，BD の交点を中心とする直径 $\sqrt{a^2 + b^2}$ の円と，平行四辺形 ABCD の周（4 つの辺および 4 つの頂点）との共有点の個数は 4 個である。

分析編　解答・解説編　2021年（第1日程）　予想問題・第1回　予想問題・第2回　予想問題・第3回

第2問 　**数 学 Ⅰ**

1 　図形と計量　　標準

 着 眼 点

(1) **仰角**を三角関数表から求める。

(2) ちがう点から仰角を考える。

▶設問解説

(1) 　標準

$$\tan(\angle\mathrm{PAH}) = \frac{\mathrm{PH}}{\mathrm{AH}} = \frac{634}{200} = 3.17 \quad \boxed{②}_{\mathcal{P}}$$

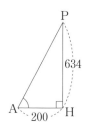

三角関数表より，$\tan 72° = 3.0777$，$\tan 73° = 3.2709$
であるから，$72° < \angle\mathrm{PAH} < 73°$

よって，選択群から選ぶと∠PAHは**約72.5°** 　$\boxed{⑤}_{\mathcal{I}}$

補足 　正確な値は，$\angle\mathrm{PAH} = 72.4917\cdots$

(2) 　難

　点 H が中心，半径が 200 の円周上に
点 B があるならば，$\triangle\mathrm{PAH} \equiv \triangle\mathrm{PBH}$
であるから，$\angle\mathrm{PAH} = \angle\mathrm{PBH}$　すな
わち④は正しい。

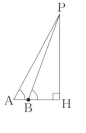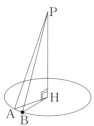

　この円の内部に点 B があるならば，
$\angle\mathrm{PAH} < \angle\mathrm{PBH}$

　この円の外部に点 B があるならば，$\angle\mathrm{PAH} > \angle\mathrm{PBH}$

　線分 AH（端点を除く）上に点 B があるとき，点 B はこの円の内部に
あるので，$\angle\mathrm{PAH} < \angle\mathrm{PBH}$　すなわち，⓪は誤りで，①は正しい。

　また，線分 AH（端点を除く）上に点 B がないとき，点 B はこの円の
内部にも外部にもあるので，$\angle\mathrm{PAH} > \angle\mathrm{PBH}$　や　$\angle\mathrm{PAH} < \angle\mathrm{PBH}$
とはいえず，②，③は正しくない。

　この円の点 A における接線上に点 B があるとき，$\mathrm{A} \neq \mathrm{B}$　ならば，
B はこの円の外部にあるので，$\angle\mathrm{PAH} > \angle\mathrm{PBH}$　であるから，⑤は正
しくない。

　よって，　$\boxed{①, ④}_{\mathcal{\upsilon}, \mathcal{I}}$

　$\angle\mathrm{PAH} = \angle\mathrm{PBH}$　のとき，点 A, B は点 H が中心，半径 200 の円
周上にある。

$HA = HB = 200$, $AB = 20$

　線分 AB の中点を M とすると　$HM \perp AB$

　$\angle AHB = 2\alpha$　とおくと,

$\sin\alpha = \sin(\angle AHM) = \dfrac{AM}{HA} = \dfrac{10}{200} = \dfrac{1}{20} = 0.05$

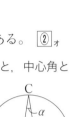

　三角関数表より，$\sin 2° = 0.0349$，$\sin 3° = 0.0525$ より，

$2° < \alpha < 3°$

　すなわち，$\angle AHB = 2\alpha$　について，$4° < 2\alpha < 6°$

　よって，選択群から選ぶと，$\angle PAH (= 2\alpha)$ は**約 5.7°** である。　$\boxed{②}_オ$

別解　直線 AB に関して点 H と同じ側にある円上に点 C をとると，中心角と

　円周角の関係から，$\angle ACB = \dfrac{1}{2} \angle AHB = \alpha$

　　$\triangle ACB$ に正弦定理を用いて，

　　$\dfrac{20}{\sin\alpha} = 2 \cdot 200$

　　よって，$\sin\alpha = \dfrac{1}{20} = 0.05$

補足　正確な値は，$\alpha = 2.86598\cdots$，$\angle AHB = 5.73196\cdots$

図形と計量

　太郎さんと花子さんがスカイツリーをみて仰角を考えるという問題。余談だが，ス
カイツリーの高さは 634 メートルで，武蔵（634）と覚えるのが定番である。

⑴　直角三角形から三角比がわかるが，ここでは正接（タンジェント）を使う。角度
　を求めたい三角比は三角比の表から 0°～90° の正弦（サイン），余弦（コサイン），
　正接（タンジェント）の値が 1° 刻みでわかるので，近似した値を探す。

⑵　スカイツリーに近づけば仰角は大きくなり，遠ざかれば仰角は小さくなることは
　わかるだろう。仰角が変わらない場合は，スカイツリーへの距離が等しい地点であ
　る。後半は仰角が等しいため，2 点 A，B は点 H が中心の円周上にあることがいえ
　るので，この円の中心角を求める問題であった。中心角の半分を求め，2 倍すればよ
　いが，三角比の表を使うことになる。

　共通テストでは，このような日常生活を題材にした問題が予想される。本問では，
三角比の応用であったが，思考力や判断力が試される。スマートフォンで地図を出す
のであれば，三角比もスマートフォンで調べればよいと思われそうだが，数学の問題
は，強引な設定で作問されるものなので，そういう問題だと，割り切って解いてほしい。

② データの分析　標準

▶着眼点

(1)　散布図から正しく読み取れるものを選ぶ。

(2)　箱ひげ図から正しく読み取れないものを選ぶ。

(3)　箱ひげ図を選び，散布図から相関を考える。

(4)　ヒストグラムから正しく読み取れるものを選ぶ。

▶設問解説

(1)　標準

　　⓪は横軸と縦軸の目盛りが等しくないことに注意する。入国者数は5百万人よりどの月も少なく，宿泊者数は5百万人よりも多く等しくならないので正しくない。

　　①は入国者が0に近くても，宿泊者数は0に近くはならず，入国者が少なくても宿泊者は少なくなるとはいえず，正しくない。

　　②は入国者数の第1四分位数を Q_1 とすると，小さい値から9番目と10番目の平均より，およそ $Q_1 = \dfrac{0.8 + 2.4}{2} = 1.6$

　　第3四分位数を Q_3 とすると，大きいほうから9番目と10番目の平均より，およそ $Q_3 = 4.2$　四分位範囲は，$Q_3 - Q_1 = 2.6$（百万）　となるので3百万人よりは少なく正しくない。

　　③は宿泊者数の第1四分位数を Q_1 とすると，およそ $Q_1 = 38$，第3四分位数を Q_3 とすると，およそ $Q_3 = 48$　なので四分位範囲は $Q_3 - Q_1 = 10$（百万）　より，5百万人より多く正しい。

　　④は散布図で入国者数が最も大きい点は宿泊数が最も多い点とは異なるので正しくない。

　　⑤は散布図で入国者数が最も小さい点は宿泊者数も最も少ない点なので正しい。

　　よって，正しく読み取れるものは　③，⑤　カ, キ

(2)　標準

　　2019年の第1四分位数はおよそ4.05百万人，2018年の第3四分位数はおよそ4.15百万人より少し小さいので，②は正しくない。

　　2020年の四分位範囲はおよそ0.4百万人，2018年の四分位範囲はおよそ0.2百万人より大きいので，⑤は正しくない。

　　⓪，①，③，④は正しい。

　　よって，②，⑤　ク, ケ

(3) 【標準】

　2020年の入国者数の第3四分位数は(2)の箱ひげ図より，2018年，2019年の最小値よりも小さいので，散布図で入国者数の下位から9番目までの点はすべて2020年の点である。とくに入国者数と宿泊者数がともに最小になる点を含むので最も小さい最小値をとる ②ᴷ が2020年の箱ひげ図である。

　2020年の点を除くと，左下にある点は除かれて**やや正の相関がみられる**。 ⓪ᵍ

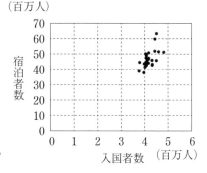

(4) 【標準】

　第1四分位数，中央値は小さいほうから12番目，24番目の点で，その2点はヒストグラムの同じ階級値75万人の中にあるため，⓪は正しい。

　第3四分位数は大きいほうから12番目で，ヒストグラムの階級値175万人の中にあることから，①は正しくない。

　②，③は正しいかもしれないがヒストグラムから読み取れるわけではない。

　最頻値の階級値は75万人なので，④は正しくない。

　第3四分位数の階級値は上記のとおり175万人，最大値の階級値は725万人とその差がかなり大きく，箱ひげ図で表すと，右側のほうのひげの幅が箱の幅よりも広くなるので，⑤は正しい。

　よって， ⓪, ⑤ᔕ, ᔕ

入国者数と宿泊者数のデータの分析

入国者数と宿泊者数のデータの分析の問題であった。

(1)　**散布図**から読み取るだけである。目盛りが縦軸のほうが横軸の 10 倍になっていることに注意する。

左下の点は新型コロナウイルス感染拡大のことから 2020 年の点だと予想がついたかもしれない。

(2)　**箱ひげ図**から正しく読み取れないものを選ぶが，箱ひげ図は最大値，最小値，第 1 四分位数，中央値，第 3 四分位数を把握するのがポイントである。

(3)　小さい値を多くとる②が 2020 年であることは，新型コロナウイルス感染拡大のことから明らかだったかもしれないが，(2)の箱ひげ図よりわかる。

なお，問題には関係ないが，⓪が 2018 年，①が 2019 年の箱ひげ図である。

散布図で 2020 年の点を除くとやや正の相関があるのは，外国人観光客が増えたら宿泊者数が増えるという相関から予想がついたかもしれない。ただし，2020 年のような例外もある。

(4)　**ヒストグラム**を読み取る問題である。階級値はその階級での中央値のことである。

共通テストでは 47 都道府県のデータの出題が予想されるので，47 都道府県を小さい順に並べて，12 番目が第 1 四分位数，24 番目が中央値，36 番目が第 3 四分位数だと，記憶しておいたほうがよいのかもしれない。12 の倍数だから記憶しやすい。

①〜㊼を小さい番号が小さい値として，

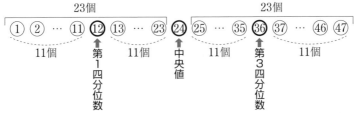

1 つ 1 つは難しくないが，短い試験時間で手早く情報を読み取らなければならない。

2020 年は新型コロナウイルス感染拡大で，4 月以降の入国者数が激減したのは記憶に新しい。宿泊者数も一時的に激減したが，GoTo トラベルキャンペーンなどで宿泊者は徐々に増えてきた。本来なら東京オリンピックが開催されて，入国者数や宿泊者数は最大級の値をとったのだろう。この問題を 10 年後にみてどう思うのだろうか。

確 率 やや難

着 眼 点

(1) 2人でじゃんけんをして**確率**の大小関係を求める。
(2) 2人のじゃんけんを手の出る確率をかえて考える。
(3) 2人のじゃんけんを手を4種類にして確率を考える。

設問解説

(1) 標準

　［2人で行なうじゃんけんのルール］のもとで，太郎さんと花子さんの2人がじゃんけんを1回行なうとき，太郎さんが勝つ確率を a，花子さんが勝つ確率を b，あいこになる確率を c とする。

　太郎さんが勝つを〇，太郎さんが負けるを×，あいこを△とする。

　太郎さん，花子さんの手の出し方を表にすると次のようになる。

花子＼太郎	グー	チョキ	パー
グー	△	〇	×
チョキ	×	△	〇
パー	〇	×	△

　9個のうち〇，×，△の数は3個ずつより，$a = b = c = \dfrac{1}{3}$　$\boxed{0}_{\mathcal{P}}$

別解　$a + b + c = 1$ ……①

　同じ条件でのじゃんけんなので，太郎さんと花子さんが勝つ確率は等しいので，

　　　$a = b$ ……②

　あいこになるのは，2人の手が「ともにグー」または「ともにチョキ」または「ともにパー」であるから，

　　　$c = \dfrac{1}{3} \cdot \dfrac{1}{3} + \dfrac{1}{3} \cdot \dfrac{1}{3} + \dfrac{1}{3} \cdot \dfrac{1}{3} = \dfrac{1}{9} + \dfrac{1}{9} + \dfrac{1}{9} = \dfrac{1}{3}$

　①から　$a + b = \dfrac{2}{3}$

②より $a = b = \dfrac{1}{3}$

よって $a = b = c = \dfrac{1}{3}$ $\boxed{0}_{\mathcal{P}}$

別解　太郎さんが勝つのは(太郎さんの手, 花子さんの手)として,

(グー, チョキ) または (チョキ, パー) または (パー, グー)

のときであるから,

$$a = \frac{1}{3} \cdot \frac{1}{3} + \frac{1}{3} \cdot \frac{1}{3} + \frac{1}{3} \cdot \frac{1}{3} = \frac{1}{9} + \frac{1}{9} + \frac{1}{9} = \frac{1}{3} \quad \boxed{0}_{\mathcal{P}}$$

(2)　やや難

[2人で行なうじゃんけんの改ルール]のもとでも勝ち負けのルールは同じだから(1)の表に確率を書き込んでみる。

グー, パーの確率がそれぞれ $\dfrac{2}{5}$, チョキの確率が $\dfrac{1}{5}$ の場合は次のようになる。

花子 太郎	グー	チョキ	パー
グー	$\dfrac{2}{5} \cdot \dfrac{2}{5}$	$\dfrac{2}{5} \cdot \dfrac{1}{5}$	$\dfrac{2}{5} \cdot \dfrac{2}{5}$
チョキ	$\dfrac{1}{5} \cdot \dfrac{2}{5}$	$\dfrac{1}{5} \cdot \dfrac{1}{5}$	$\dfrac{1}{5} \cdot \dfrac{2}{5}$
パー	$\dfrac{2}{5} \cdot \dfrac{2}{5}$	$\dfrac{2}{5} \cdot \dfrac{1}{5}$	$\dfrac{2}{5} \cdot \dfrac{2}{5}$

あいこになるのは, 2人の手が「ともにグー」または「ともにチョキ」または「ともにパー」（表の △ に対応）であるから,

$$c = \frac{2}{5} \cdot \frac{2}{5} + \frac{2}{5} \cdot \frac{2}{5} + \frac{1}{5} \cdot \frac{1}{5} = \frac{9}{25}$$

太郎さんが勝つのは(太郎さんの手, 花子さんの手)として,

(グー, チョキ) または (チョキ, パー) または (パー, グー)

（表の ○ に対応）

の場合であるから,

$$a = \frac{2}{5} \cdot \frac{1}{5} + \frac{1}{5} \cdot \frac{2}{5} + \frac{2}{5} \cdot \frac{2}{5} = \frac{8}{25}$$

対称性から $b = \dfrac{8}{25}$

分析編

解答・解説編

2021年(第1日程)

予想問題・第1回

予想問題・第2回

予想問題・第3回

ここで　$\dfrac{8}{25}<\dfrac{9}{25}$

よって，$a=b<c$　$\boxed{②}_{イ}$

別解　$c=\dfrac{9}{25}$ を求めたあとは，

(1)と同様で，①，②は成り立つ。

①から　$a+b=\dfrac{16}{25}$

②より　$a=b=\dfrac{8}{25}<\dfrac{9}{25}$　よって　$a=b<c$　$\boxed{②}_{イ}$

［2人で行なうじゃんけんの改ルール2］において，1回のじゃんけんで1人が「グー」「パー」を出す確率をそれぞれ p，「チョキ」を出す確率を q として，それらの確率の和は1であるから，

$$p+p+q=1 \quad \text{すなわち} \quad 2p+q=1 \quad \boxed{②}_{ウ}$$

$q=1-2p$　……③

同様に(1)の表に確率を書きこむ。グー，パーの確率がそれぞれ p，チョキの確率が q の場合は次のようになる。

太郎 ＼ 花子	グー	チョキ	パー
グー	p^2	pq	p^2
チョキ	qp	q^2	qp
パー	p^2	pq	p^2

太郎さんが勝つのは（太郎さんの手，花子さんの手）として，

（グー，チョキ）または（チョキ，パー）または（パー，グー）

（表の○に対応）

の場合であるから，太郎さんが勝つ確率を a として，

$$a=p\cdot q+q\cdot p+p\cdot p=p^2+2pq=p^2+2p(1-2p) \quad (\because ③)$$
$$=\boxed{-3}_{エオ}p^2+\boxed{2}_{カ}p$$

別解　あいこになるのは，2人の手が「ともにグー」または「ともにチョキ」または「ともにパー」であるから，あいこになる確率を c として，

$$c=p\cdot p+q\cdot q+p\cdot p=2p^2+q^2=2p^2+(1-2p)^2 \quad (\because ③)$$
$$=6p^2-4p+1$$

①，②より　$a = \dfrac{1-c}{2} = \dfrac{1}{2}(-6p^2 + 4p) = \boxed{-3}_{\text{エオ}}\,p^2 + \boxed{2}_{\text{カ}}\,p$

(3) **難**

(i) 1回のじゃんけんで1人が「グー」「パー」を出す確率は p，「チョキ」「ミー」を出す確率は q として，それらの確率の和は1であるから，

$$p + p + q + q = 1 \quad \text{すなわち} \quad 2p + 2q = 1 \quad \boxed{③}_{\text{キ}}$$

$$q = \dfrac{1}{2} - p \quad \cdots\cdots④$$

(1)と同様にして勝ち，負け，あいこの表を考えると次のようになる。

太郎＼花子	グー	チョキ	パー	ミー
グー	△	○	×	×
チョキ	×	△	○	×
パー	○	×	△	○
ミー	○	○	×	△

グー，パーの確率がそれぞれ p，チョキ，ミーの確率がそれぞれ q の場合は次のようになる。

太郎＼花子	グー	チョキ	パー	ミー
グー	p^2	pq	p^2	pq
チョキ	qp	q^2	qp	q^2
パー	p^2	pq	p^2	pq
ミー	qp	q^2	qp	q^2

太郎さんが勝つのは（太郎さんの手，花子さんの手）として，（グー，チョキ）または（チョキ，パー）または（パー，グー）または（パー，ミー）または（ミー，グー）または（ミー，チョキ）（表の○に対応）の場合であるから，太郎さんが勝つ確率を a として，

$$a = p \cdot q + q \cdot p + p \cdot p + p \cdot q + q \cdot p + q \cdot q = p^2 + 4pq + q^2$$

$$= p^2 + 4p\left(\dfrac{1}{2} - p\right) + \left(\dfrac{1}{2} - p\right)^2 \quad (\because ④)$$

$$= \boxed{-2}_{クケ}\,p^2 + p + \dfrac{\boxed{1}_{コ}}{\boxed{4}_{サ}}$$

別解 (1)と同様にしてあいこになるのは，2人の手が「ともにグー」または「ともにチョキ」または「ともにパー」または「ともにミー」（表の△に対応）であるから，あいこになる確率を c として，

$$c = p\cdot p + q\cdot q + p\cdot p + q\cdot q = 2p^2 + 2q^2$$

$$= 2p^2 + 2\left(\dfrac{1}{2} - p\right)^2 \quad (\because ④)$$

$$= 4p^2 - 2p + \dfrac{1}{2}$$

①，②から，

$$a = \dfrac{1-c}{2} = \dfrac{1}{2}\left(-4p^2 + 2p + \dfrac{1}{2}\right) = \boxed{-2}_{クケ}\,p^2 + p + \dfrac{\boxed{1}_{コ}}{\boxed{4}_{サ}}$$

(ⅱ) $a = -2\left(p - \dfrac{1}{4}\right)^2 + \dfrac{3}{8}$

　　よって，$p = \dfrac{\boxed{1}_{シ}}{\boxed{4}_{ス}}$ のとき最大値 $\dfrac{\boxed{3}_{セ}}{\boxed{8}_{ソ}}$

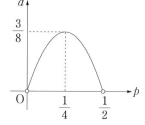

(ⅲ) 花子さんが勝つという条件のもとで，太郎さんが「ミー」の手を出している条件付き確率は対称性から，太郎さんが勝つという条件のもとで，花子さんが「ミー」の手を出している条件付き確率と同じである。

　　花子さんがミーの手を出して負ける確率は，太郎さんがパーの手を出す場合より，$pq = p\left(\dfrac{1}{2} - p\right)$ ……⑤

　　よって，求める条件付き確率は $\dfrac{⑤}{a}$ であるから，

$$\dfrac{p\left(\dfrac{1}{2} - p\right)}{-2p^2 + p + \dfrac{1}{4}}$$

$p = \dfrac{2}{5}$ として $\dfrac{\dfrac{2}{5}\left(\dfrac{1}{2} - \dfrac{2}{5}\right)}{-2\left(\dfrac{2}{5}\right)^2 + \dfrac{2}{5} + \dfrac{1}{4}} = \dfrac{\dfrac{1}{25}}{\dfrac{33}{100}} = \dfrac{\boxed{4}_{タ}}{\boxed{33}_{チツ}}$

2人で行なうじゃんけんの確率

　太郎さんと花子さんが2人で行なうじゃんけんの確率を考察するという問題である。普通のじゃんけんのルールをかえてみた。こういう問題は式を並べても混乱するので，表や図でイメージすることが大事である。

　2人で行なうじゃんけんだから，2人の手の出し方は数え切れるほどなので表にするとよい。

(1)　確率を直接求めてもすぐにできるだろう。

　　2人で行なうじゃんけんは1人の手の出し方がグー，チョキ，パーの3通りなので，2人が行なう手の出し方は，$3 \times 3 = 9$（通り）　しかないので，表をつくって考えるとわかりやすい。

　　別解 は花子さんが会話で言っていたことであるが，太郎さんが勝つ確率と花子さんの勝つ確率は対等なルールなので同じである。これが②が成り立つ理由である。あとは①も成り立つことを考える。

　　あいこになる確率 c は2人が同じ手を出す確率だから求めやすいので，あいこになる確率 c を先に求め，$a = \dfrac{1-c}{2}$　から a を求めることもできる。

　　これらの考え方は(2)以降でも同様にできるので 別解 にした。

(2)　ルールがかわる問題は冷静に理解しないといけない。チョキの確率がかわる。この問題も(1)と同様に表で考えるか，別解 のようにあいこの確率 c から考えてもできる。

　　太郎さんがチョキが出しにくいといっているので，厳密には　$q < p$　とすべきかもしれないが，その条件は影響しない。

　　$a = b$　かつ　$a + b + c = 1$　なので，c が $\dfrac{1}{3}$ より大きいなら a, b が $\dfrac{1}{3}$ より小さくなる。

(3)　手が4種類になるとルールがややこしくなる。ミーという第4の謎の手は，ルールどおりにするしかない。ミーはチョキと同じくらい出しにくい手として考える。

　　(1)と同様にして，ここでも表で考えるか 別解 のようにあいこの確率 c から考える。確率は p と q しかないので，p と q の関係式があれば，p だけにできる。

　　(iii)は難しい。花子さんが勝つという条件のもとで直接考えてもよいが，前問で太郎さんが勝つ確率を考えているので，それを利用するとよい。対称性から，「花子さんが勝つという条件」でも「太郎さんが勝つという条件」でもやることは同じである。「ミー」は「パー」にだけ負けるというルールがポイントである。

　こういう独自のルールをもとにする確率は状況を図や表などで把握する。対称性などにも着目し，じっくり考えたい。

整数の性質　**標準**

着眼点

(1)　不定1次方程式を解く。

(2)　1年後の曜日を求める。

(3)　365日ごとに何曜日になるのかを調べる。

(4)　条件を満たす同じ日が何曜日になるのかをみる。

(5)　条件を満たす同じ日が月曜日になる場合を2つみつける。

設問解説

(1)　**標準**

$13x = 15y + 1$　を満たす自然数の組 (x, y) について,

$x = 1, 2, 3, 4, 5, 6$　とすると　$13x = 13, 26, 39, 52, 65, 78$

となり自然数 y は存在しない。

$x = 7$　とすると　$13x = 91 = 15 \cdot 6 + 1$　より　$y = 6$　がある。

よって, x の値が最小になるのは, $x = \boxed{7}_{ア}$, $y = \boxed{6}_{イ}$

m を整数として　$13x = 15y + m$　……①

$13 \cdot 7 = 15 \cdot 6 + 1$　であるから両辺を m 倍して,

$$13 \cdot 7m = 15 \cdot 6m + m \quad ……②$$

①−②として　$13(x - 7m) = 15(y - 6m)$

$x - 7m$, $y - 6m$ はともに整数, 13, 15 は互いに素であるから,

整数 k を用いて,

$$\begin{cases} x - 7m = 15k \\ y - 6m = 13k \end{cases} \quad \text{すなわち} \quad \begin{cases} x = \boxed{15}_{ウエ}k + 7m \\ y = \boxed{13}_{オカ}k + 6m \end{cases} \quad \text{と表せる。}$$

(2)　**易**

$365 = 7 \cdot 52 + 1$

よって, 365 を 7 で割ると余りは $\boxed{1}_{キ}$

日曜日から 7 の倍数ごとに同じ曜日なので, 365 日後は日曜日の 1 日後の**月曜日**である。　$\boxed{①}_{ク}$

(3) **やや易**

(2)より日曜日の365日後は日曜日の1日後の月曜日になるので，月曜日の365日後は月曜日の1日後の火曜日である。

これを繰り返すと，日曜日からの365の倍数後は月曜日，火曜日，水曜日，木曜日，金曜日，土曜日，日曜日，月曜日……となる。

よって，365デーはすべての曜日を繰り返す日である。 **⑤**ヶ

別解 日曜日の365デーについて考えると，$365(=7 \cdot 52 + 1)$の倍数を7で割ったときの余りを表にすると

365の倍数	365·1	365·2	365·3	365·4	365·5	365·6	365·7	…
7で割ったときの余り	1	2	3	4	5	6	0	…
日曜日の365デー	月曜日	火曜日	水曜日	木曜日	金曜日	土曜日	日曜日	…

これより，すべての曜日を繰り返すことがわかる。

日曜日以外の365デーについても同様である。よって，365デーはすべての曜日を繰り返す日である。 **⑤**ヶ

(4) **標準**

(ⅰ) ある日曜日の13デーと15デーが同じ日になる最短の日は，13の倍数日後と15の倍数日後が最短で同じ日になる日なので，13と15の最小公倍数の$13 \times 15 = 195$（日）後である。

ここで $195 = 7 \cdot 27 + 6$

よって，最短の日は日曜日の195日後で195は7で割って余りが6であるから土曜日である。 **⑥**コ

(ⅱ) ある日曜日の13デーとその翌日の月曜日の15デーが同じ日になる最短の日をその日曜日からN日後とすると，

13の倍数日後と15の倍数に1をたした日後が最短で同じ日であるから，x，yを自然数として，

$$N = 13x = 15y + 1$$

と表せる。

これを満たすxが最小となるのは(1)より $x = 7$，$y = 6$

すなわち $N = 91 = 7 \cdot 13$

よって，最短の日は91日後で91は7の倍数であるから日曜日である。 **⓪**サ

(5) やや難

  m を自然数とする。

  ある日曜日の 13 デーとその m 日後の 15 デーが同じ日になる最短の日をその日曜日から N 日後とすると，13 の倍数日後と 15 の倍数に m をたした日後が最短で同じ日であるから，x, y を自然数として，

$$N = 13x = 15y + m$$

と表せる。

  これを満たす x, y は(1)より，k を整数として

$x = 15k + 7m$, $y = 13k + 6m$

  すなわち $N = 13(15k + 7m) = 195k + 91m$

  N が月曜日になるのは N が最小になり，かつ 7 で割って余りが 1 になることである。

  m が小さい順に調べてみると，

$m = 1$ ならば，(4)(ⅱ)より最小の N は，$k = 0$ で $N = 91$ で日曜日であるから不適。

$m = 2$ ならば，

   $N = 195k + 186$

 最小の N は，$k = 0$ で，$N = 182 = 7 \cdot 26$

 N は 7 で割って，余りが 0 より，日曜日であるから不適。

$m = 3$ ならば，

   $N = 195k + 273$

 最小の N は，$k = -1$ で，$N = 78 = 7 \cdot 11 + 1$

 N は 7 で割って，余りが 1 より，月曜日であるから適する。

$m = 4$ ならば，

   $N = 195k + 364$

 最小の N は，$k = -1$ で，$N = 169 = 7 \cdot 24 + 1$

 N は 7 で割って，余りが 1 より，月曜日であるから適する。

  よって，N が月曜日になる m を最も小さいものから 2 つあげると，

  $m = \boxed{3,\ 4}_{シ, ス}$

不定 1 次方程式，余りの応用

p の倍数日後について，2 つのケースで同じ日になる最短の日を考える問題。また，7 で割ったときの余りに着目して，曜日を考える問題でもあった。

日曜日から 7 の倍数日後は日曜日，7 で割って余りが 1 日後は月曜日 のようになることからもわかるように，日曜日から 7 で割ったときの余りが 0，1，2，3，4，5，6 日後はそれぞれ日曜日，月曜日，火曜日，水曜日，木曜日，金曜日，土曜日と対応する。つまり，カレンダーの縦の列は 7 で割った同じ余りが対応する。

(1) **不定 1 次方程式**は 1 つの解を求めて，変形するのが定番である。

(2) 日曜日の一年後は何曜日かという問題であるが，7 で割った余りを考えると曜日がわかる。

(3) (2)を考えると，一年ごとに曜日が 1 つずつずれているのがわかるだろう。7 で割ったときの余りに着目してもわかる。なお，次のような定理もあるので紹介しておく。

倍数と余り

n，p が互いに素な整数とするとき，
$$p,\ 2p,\ 3p,\ \cdots,\ (n-1)p,\ np$$
の n 個の整数は n で割ったときの余りがすべて異なる。

$p = 365$，$n = 7$　としたのが本問の場合で，365 と 7 は互いに素なので 365 の倍数 $365 \cdot 1$，$365 \cdot 2$，$365 \cdot 3$，$\cdots$，$365 \cdot 6$，$365 \cdot 7$ は 7 で割ったときの余りが 1，2，3，4，5，6，0 とすべて異なる。このことから，7 と互いに素な 365 デーはすべての曜日を表せることがわかる。

なお，$n = 7$　は素数なので，p が 7 の倍数以外ならば n と p は互いに素になる。

(4) (i)は最小公倍数に着目する。一般に，次が成り立つ。

---

p，q を自然数として，
ある日の p デーと q デーが同じ日になる最短の日をその日から N 日後とすると，N は p と q の最小公倍数である。

(ii)は書き出しても求められるが，1 日ずれていることに注意して最短の日を数式にするとよい。日曜日から何日後かを考えると(1)が使える。

(5) (4)(ii)と同様に関係式をつくると(1)が使える。
m は小さいものから 2 つあげればよいので，$m = 1, 2, 3, \cdots$　と探していくとよいだろう。

図形の性質 標準

▶着眼点

(1) 線分の比を求める。**チェバの定理**，**メネラウスの定理**を用いる。
(2) 三角形の内心から線分の比を求め，重心の位置も考える。
(3) 三角形の垂心から四角形が内接する円を調べ，それを活用して角の大小と線分の比を考える。

▶設問解説

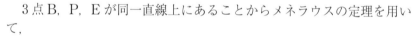

(1) やや易

3つの線分 AF，BE，CD が1点Pで交わるから，チェバの定理を用いて，

$$\frac{AD}{DB} \cdot \frac{BF}{FC} \cdot \frac{CE}{EA} = 1$$

すなわち $\dfrac{3}{2} \cdot \dfrac{BF}{FC} \cdot \dfrac{3}{5} = 1$

よって，$\dfrac{BF}{FC} = \dfrac{\boxed{10}_{アイ}}{\boxed{9}_{ウ}}$

3点 B，P，E が同一直線上にあることからメネラウスの定理を用いて，

$$\frac{AB}{BD} \cdot \frac{DP}{PC} \cdot \frac{CE}{EA} = 1$$

すなわち $\dfrac{5}{2} \cdot \dfrac{DP}{PC} \cdot \dfrac{3}{5} = 1$

よって，$\dfrac{DP}{PC} = \dfrac{\boxed{2}_{エ}}{\boxed{3}_{オ}}$

(2) 標準

点Pが △ABC の内心であるならば，線分 AF は ∠BAC の二等分線であるから，

$$\frac{AB}{AC} = \frac{BF}{FC} = \frac{\boxed{10}_{カキ}}{\boxed{9}_{ク}}$$

△ABC の重心を G，辺 BC の中点を M，辺

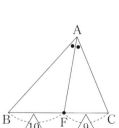

AB の中点を N とすると，M は線分 BF 上にあり，N は線分 AD 上にある。

重心 G は 2 つの線分 AM，CN の交点であるから，点 G は △PAB の内部にある。　$\boxed{0}_ケ$

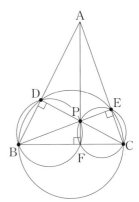

(3) やや難

点 P が △ABC が垂心であるならば，AF⊥BC かつ BE⊥CA かつ CD⊥AB であるから，∠AFB＝∠AFC＝∠BEC＝∠BEA＝∠CDA＝∠CDB＝90° である。

∠ADF＞90°，∠AEF＞90° であるから　∠ADF＋∠AFE＞180°

すなわち，内角の向かい合う角が 180° より大きくなるので，四角形 ADFE は円に内接しない。

3 つの四角形 BDPF，CEPF，BCED が半弧（直径）に対する円周角が 90° になっているので，円に内接する。

よって，4 個の四角形のうち円に内接しているものは $\boxed{3}_コ$ 個

四角形 BDPF は円に内接するから $\overset{\frown}{DP}$ に対する円周角は等しいので　∠DBP＝∠DFP

よって　∠ABP＝∠AFD　$\boxed{0}_サ$　……①

四角形 CEPF は円に内接するから $\overset{\frown}{EP}$ に対する円周角は等しいので　∠ECP＝∠EFP

よって　∠ACP＝∠AFE　$\boxed{0}_シ$　……②

四角形 BCED は円に内接するから　$\overset{\frown}{DE}$ に対する円周角は等しいので　∠DBE＝∠DCE　すなわち　∠ABP＝∠ACP　……③

①，②，③から　∠AFD＝∠AFE　$\boxed{0}_ス$

四角形 BCED が内接する円で方べきの定理を用いて，

$$AD \cdot AB = AE \cdot AC$$

よって　$\dfrac{AB}{AC} = \dfrac{AE}{AD}$　$\boxed{0}_セ$

$AD = \dfrac{3}{5}AB$，$AE = \dfrac{5}{8}AC$ であるから，

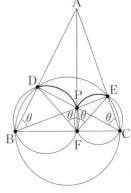

分析編

解答・解説編

2021年（第1日程）

予想問題・第1回

予想問題・第2回

予想問題・第3回

$$\frac{AB}{AC} = \frac{\dfrac{5}{8}AC}{\dfrac{3}{5}AB}$$

よって　$\dfrac{AB^2}{AC^2} = \dfrac{\boxed{25}_{\text{ソタ}}}{\boxed{24}_{\text{チツ}}}$

これより　$\dfrac{AB}{AC} = \dfrac{5}{2\sqrt{6}}$ であるから,

　　$AB > AC$

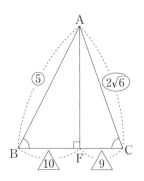

別解　$BF : FC = 10 : 9$　かつ　$BC \perp AF$　であるから,

　　　　$AB > AC$

　　$\triangle ABC$ において, 辺の長さと対角の大小は同じなので,

　　　$\angle ABC < \angle ACB$　$\boxed{0}_{\text{テ}}$

▶研　究◀

（三角形の内心と垂心）

　三角形の内心と垂心に関して線分比, 角の大小関係を求める問題。内心, 垂心については,「予想問題・第1回」の **研　究** も参照。図形の性質の基本定理を活用する。

(1)　**チェバの定理, メネラウスの定理**を用いる。

(2)　点 P が内心なので, 点 P は内角の二等分線上にある。これより,「2021 年 1 月実施　共通テスト・第1日程」**第5問** の **研　究** で示した性質を用いる。重心は中線の交点であるから(1)で求めた線分の比に注意して, 位置を考えるとよい。

(3)　点 P は垂心なので, 直角が多くあることから, 四角形が内接する円がみえてくる。半弧(直径)に対する円周角は $90°$ であることの逆を考えるとわかる。

　　あとは同じ弧に対する円周角は等しいことを考えると角の大小は決まる。

　　また, 方べきの定理は気づいただろうか。問題が　$AD \cdot AB = \boxed{}_{\text{セ}} \cdot AC$　の形だと気づきやすいだろうが, 分数の形にするとみえなくなった人もいたかもしれない。後半は線分の 2 乗の比を求めるが, 最初に比が与えられていたのを忘れなければよい。

　　最後の角の大小関係は, 三角形の辺の長さと対角の大小関係から決まる。

予想問題
第3回
解答・解説

予想問題・第3回　解　答

問題番号(配点)	解答記号	正解	配点	問題番号(配点)	解答記号	正解	配点
第1問(30)	アイウ	-60	1	第3問(20)	アイ	99	1
	エオ	30	1		ウエ	95	1
	$\dfrac{カキ}{ク}$	$\dfrac{10}{3}$	3		オ	②	1
	ケ	②	3		カ	9	2
	コ	3	2		キ	②	1
	サ	⓪	2		ク.ケコ	5.85	2
	$\dfrac{\sqrt{シ}}{ス}a^2$	$\dfrac{\sqrt{3}}{4}a^2$	2		サ	①	1
	$\dfrac{\sqrt{セ}}{ソタ}$	$\dfrac{\sqrt{3}}{36}$	1		シス.セソ	94.95	2
	$\dfrac{\sqrt{チ}}{ツ}$	$\dfrac{\sqrt{3}}{3}$	2		タ	②	3
	テ	4	2		$\dfrac{チツa}{テトa+100}$	$\dfrac{18a}{17a+100}$	4
	$\dfrac{ト}{ナ}$	$\dfrac{\sqrt{3}}{3}$	2		ナ	②	2
	$\dfrac{ニヌ}{ネ}$	$\dfrac{16}{3}$	2	第4問(20)	ア	5	2
	$\dfrac{ノハ\sqrt{ヒ}}{フヘ}$	$\dfrac{10\sqrt{3}}{27}$	4		(イ, ウエオ)	(9, -11)	2
	ホ	⓪	3		カ	3	1
第2問(30)	アイ.ウ	14.4	2		キ$a-$クk	$2a-2k$	2
	エオ.カ	43.2	1		ケ	②	2
	キ	③	1		$(p-$コ$)(q-$サ$)-$シ	$(p-2)(q-4)-8$	1
	ク	⑦	2		ス	7	2
	ケ	⑤	1		(セソ, タ)	(10, 5)	2
	コサ	20	3		チ	①	1
	シスセ	120	2		ツ	②	1
	ソ	①	2		テ	②	1
	タ	⑦	2		ト	①	1
	チ	④	1		ナ	⓪	2
	ツテ	30	3	第5問(20)	ア	⓪	2
	ト	③	2		イ	②	2
	ナ	⓪	2		ウ	③	2
	ニ	④	2		エ	⑤	3
	ヌ, ネ	③, ⑤ (解答の順序は問わない)	4 (各2)		オ, カ, キ	⑤, ①, ④	3
					ク, ケ, コ	⑦, ⓪, ①	1
					サ, シ, ス	②, ④, ⓪	1
					セ	1	2
					ソ	②	4

(注)
第1問，第2問は必答。第3問～第5問のうちから2問選択。計4問を解答。

第1問 数 学 Ⅰ

① 関数とグラフ 標準

着眼点

(1) $f(x)$ がどのような関数かをみる。

(2) すべての実数 x に対して $f(x) > 0$ となる条件を考える。

(3) 必要条件，十分条件を考える。

(4) $2\sqrt{3}$ に一番近い整数を求め，$f(x)$ の大小関係を調べる。

設問解説

a を実数とし，x の関数

$$f(x) = ax^2 - 2a^2x + a^3 + 18a - 60$$
$$= a(x - a)^2 + 18a - 60$$

(1) 易

$a = 0$ のとき，$f(x) = \boxed{-60}_{\text{アイウ}}$

$a = 5$ ならば $f(x) = 5(x - 5)^2 + 30$

よって，$x = 5$ で $f(x)$ は最小値 $\boxed{30}_{\text{エオ}}$ をとる。

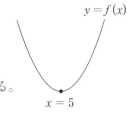

$y = f(x)$

$x = 5$

(2) 標準

すべての実数 x に対して $f(x) > 0$ である
ための条件をみると，

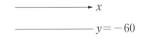

x

$y = -60$

あ $a = 0$ ならば $f(x) = -60 < 0$ より不
適。

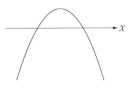

x

い $a < 0$ ならば $y = f(x)$ のグラフは上に
凸であり，頂点 $f(a) = 18a - 60 < 0$ で
$f(x) < 0$ となるので不適。

う $a > 0$ ならば $y = f(x)$ のグラフは下に凸であるから，$f(x)$ の
最小値が正ならば条件を満たす。

これより $f(a) = 18a - 60 > 0$

すなわち $a > \dfrac{10}{3}$

よって，求める必要十分条件は $a > \dfrac{\boxed{10}_{\text{カキ}}}{\boxed{3}_{\text{ク}}}$

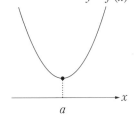

$y = f(x)$

x

a

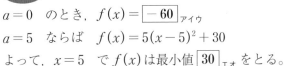

(3) **やや難**

すべての実数 x に対して $f(x) < 0$ であるための条件をみると，

あ　$a = 0$ ならば $f(x) = -60 < 0$ より条件を満たす。

い　$a < 0$ ならば $y = f(x)$ のグラフは上に凸であり，最大値 $f(a) = 18a - 60 < 0$ であるから条件を満たす。

う　$a > 0$ ならば $y = f(x)$ のグラフは下に凸であるから十分大きな x に対して $f(x) > 0$ となるので不適。

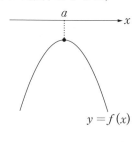

補足　$a > 0$ ならば，$y = f(x)$ のグラフは，下に凸であるから，(2)以外の $a \leqq \dfrac{10}{3}$ であっても右図のように $f(x) \geqq 0$ となる x が存在する。これより，すべての実数 x に対して，$f(x) < 0$ であることと同値な条件は $a \leqq 0$ である。

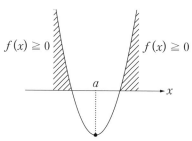

よって，$a < 0$ であることは，すべての実数 x に対して $f(x) < 0$ であるための**十分条件であるが，必要条件ではない** ②ケ

(4) **やや難**

$2\sqrt{3} = \sqrt{12}$

$3^2 = 9,\ (3.5)^2 = 12.25$ より $9 < 12 < 12.25$ であるから，

$3 < 2\sqrt{3} < 3.5$

これより，$3 - \dfrac{1}{2} < 2\sqrt{3} < 3 + \dfrac{1}{2}$

よって，$m - \dfrac{1}{2} < 2\sqrt{3} < m + \dfrac{1}{2}$ を満たす整数 m は 3コ

$a = 2\sqrt{3}$ ならば，$y = f(x)$ のグラフは下に凸で軸の方程式が $x = 2\sqrt{3}$ である。

$2\sqrt{3}$ が最も近い整数は 3 であることから，グラフより，

$f(3) < f(4) < f(5)$ ⓪サ

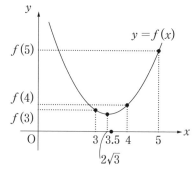

114

関数とグラフの考察

　関数 $f(x)$ に関する問題である。2 次関数と決めつけないようにする。グラフを考えながら解くとよい。

(1)　$a = 0$　のとき，定数の関数　$f(x) = -60$　になる。$y = f(x)$　のグラフは $y = -60$　より傾きが 0 の直線である。

　　　$a \neq 0$　のとき，$f(x)$ は 2 次関数で，$y = f(x)$　のグラフは放物線，軸の方程式は $x = a$，頂点 $(a, 18a - 60)$ となる。$a > 0$　ならば下に凸，$a < 0$　ならば上に凸である。

(2)　すべての実数 x に対して　$f(x) > 0$　である条件はグラフで考えると，$y = f(x)$ のグラフがつねに x 軸より上側にあることである。

　　　2 次関数の放物線ならば，下に凸で頂点の y 座標が正になることである。

(3)　すべての実数 x に対して，$f(x) < 0$　であることと同値な条件は，$a \leqq 0$　である。

　　　一般に，2 つの条件 p，q があり

　　　　　「p ならば q が真」のとき，p は q であるための**十分条件**といい，

　　　　　「q ならば p が真」のとき，p は q であるための**必要条件**という。

　　　本問では，

　　　　　$a < 0$　ならば　$f(x) < 0$　は真

　　　　　$f(x) < 0$　ならば　$a < 0$　は偽　（反例，$a = 0$）

　　　であるから，

　　　　　$a < 0$　であることは，$f(x) < 0$　であるための十分条件であり，必要条件ではない。

(4)　$m - \dfrac{1}{2} < 2\sqrt{3} < m + \dfrac{1}{2}$　を満たす整数 m は，$2\sqrt{3}$ に一番近い整数である。無理数 $2\sqrt{3}$ を小数で表して，小数第 1 位を四捨五入したときの整数を求めているということでもある。$f(3)$，$f(4)$，$f(5)$ の大小関係は，$a = 2\sqrt{3}$ ならば $f(x) = 2\sqrt{3}\left(x - 2\sqrt{3}\right)^2 + 36\sqrt{3} - 60$ であり，直接 $f(3)$，$f(4)$，$f(5)$ の値を求めてもよいが，$y = f(x)$　のグラフの軸の方程式が　$x = 2\sqrt{3}$　であり，$3 < 2\sqrt{3} < 3.5$ だから　$f(3) < f(4) < f(5)$　であることがわかる。

② 図形と計量　標準

着眼点

(1) 正三角形の面積を求める。

(2) 線分に正三角形を追加して面積と長さを考える。

(3) 正三角形 P に正三角形を追加した多角形 Q の周の長さと面積を求める。

(4) 多角形 Q に正三角形を追加した多角形 R の周の長さと面積と頂点間の距離の最大値を求める。

設問解説

(1) 易

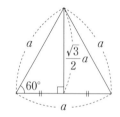

1 辺の長さが a の正三角形の面積は,

$$\frac{1}{2} \cdot a \cdot a \cdot \sin 60° = \frac{1}{2} \cdot a^2 \cdot \frac{\sqrt{3}}{2} = \frac{\sqrt{\boxed{3}}_{シ}}{\boxed{4}_{ス}} a^2$$

(2) やや易

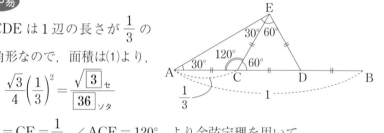

$\triangle CDE$ は 1 辺の長さが $\dfrac{1}{3}$ の

正三角形なので，面積は(1)より，

$$\frac{\sqrt{3}}{4}\left(\frac{1}{3}\right)^2 = \frac{\sqrt{\boxed{3}}_{セ}}{\boxed{36}_{ソタ}}$$

$AC = CE = \dfrac{1}{3}$, $\angle ACE = 120°$　より余弦定理を用いて,

$$AE^2 = \left(\frac{1}{3}\right)^2 + \left(\frac{1}{3}\right)^2 - 2 \cdot \frac{1}{3} \cdot \frac{1}{3}\cos 120° = \frac{1}{9} + \frac{1}{9} - 2 \cdot \frac{1}{9}\cdot\left(-\frac{1}{2}\right)$$

$$= \frac{3}{9}$$

よって　$AE = \dfrac{\sqrt{\boxed{3}}_{チ}}{\boxed{3}_{ツ}}$

別解　$\triangle ADE$ は図のように，内角が $30°$，$60°$，$90°$ の直角三角形であるから,

$$AE = \sqrt{3} \cdot DE = \sqrt{3}\cdot\frac{1}{3} = \frac{\sqrt{\boxed{3}}_{チ}}{\boxed{3}_{ツ}}$$

(3) 標準

　12 個の頂点をもつ多角形 Q の周の長さは，1 辺の長さが $\dfrac{1}{3}$ で辺が 12

個あるから，

$$\frac{1}{3} \times 12 = \boxed{4}_{テ}$$

　多角形 Q の面積を S_Q とすると，1 辺の長さが 1 の正三角形に 1 辺の

長さが $\dfrac{1}{3}$ の正三角形を 3 個加えることから，

$$S_Q = \frac{\sqrt{3}}{4} + \frac{\sqrt{3}}{36} \times 3 = \frac{\sqrt{\boxed{3}}_{ト}}{\boxed{3}_{ナ}}$$

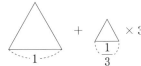

(4) やや難

　48 個の頂点をもつ多角形 R の周の長さは，1 辺の長さが $\dfrac{1}{9}$ で辺が 48

個あるから，

$$\frac{1}{9} \times 48 = \frac{\boxed{16}_{ニヌ}}{\boxed{3}_{ネ}}$$

　多角形 R の面積を S_R とすると，S_Q に 1 辺の長

さが $\dfrac{1}{9}$ の正三角形を 12 個加えることから，

$$S_R = S_Q + \frac{\sqrt{3}}{4}\left(\frac{1}{9}\right)^2 \times 12 = \frac{\sqrt{3}}{3} + \frac{\sqrt{3}}{27} = \frac{\boxed{10}_{ノハ}\sqrt{\boxed{3}}_{ヒ}}{\boxed{27}_{フヘ}}$$

　多角形 R の 48 個の頂点は正三角形 P の外接円の周または内部にある

このことから，多角形 R の 48 個の頂点のうちから 2 点を結ぶ線分の中

で最も長い線分の長さは，正三角形 P の外接円の直径の長さである。

　正三角形 P の外接円の半径を r とする

と正弦定理より，

$$\frac{1}{\sin 60°} = 2r \quad \text{すなわち} \quad 2r = \frac{2}{\sqrt{3}}$$

よって，求める最大値は $\dfrac{2}{\sqrt{3}}$ $\boxed{0}_{ホ}$

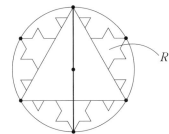

正三角形からつくられる多角形

多角形の各辺に正三角形を追加して多角形をつくる問題である。

(1)　1 辺の長さが a の正三角形の面積は $\dfrac{\sqrt{3}}{4}a^2$ と覚えておいてもよい。本問では何度も正三角形の面積が出てくるので，使えるように小問にした。

(2)　三角比の基本問題である。余弦定理や三平方の定理など，さまざまな解法がある。

(3)　多角形 Q の周の長さは 1 つの辺の長さが $\dfrac{1}{3}$ であるから，辺の数がわかれば求められる。

　　頂点の数と辺の数は同じで，問題に頂点の数が 12 個と書いてあるので，辺の数も 12 個とすぐにわかる。また，正三角形 P の 1 つの辺が(2)のように 4 つの辺になることから，$4 \times 3 = 12$（個）　の辺があることがわかる。

　　多角形 Q の面積は正三角形 P の面積からどれだけ増えたかを考えるとよい。正三角形 P の 3 つの辺のそれぞれに 1 つの辺の長さが $\dfrac{1}{3}$ の正三角形が増えたことから求められる。

(4)　(3)と同様に考えるとよい。多角形 R の周の長さは 1 つの辺の長さが $\dfrac{1}{9}$ であるから，辺の数がわかれば求められる。

　　問題に頂点の数が 48 個と書いてあるので，辺の数もすぐにわかる。また，多角形 Q の 1 つの辺が 4 つの辺になるので，$12 \times 4 = 48$（個）　の辺があることがわかる。多角形 R の面積は多角形 Q の面積がどれだけ増えたかを考えるとよい。多角形 Q の 12 個の辺のそれぞれに 1 つの辺の長さが $\dfrac{1}{9}$ の正三角形が増えたことから求められる。

　　最後は対称性も考える。頂点がたくさんあるが，じつは 1 辺の長さが 1 の正三角形の外接円の直径を求めるだけでよかった。

本問では2回だけしか繰り返さなかったが，このような操作は何度も繰り返すことができる。本問の背景は**フラクタル図形**というもので，(2)のように線分を3等分して，正三角形をつくることを何度も繰り返してつくられる図形を「**コッホ曲線**」という。とくに(3)，(4)のように三角形の3辺でコッホ曲線を考えるものをコッホ雪辺ともいう。なお，数列の知識があれば一般化もできるので，参考にしてほしい。

　多角形 P からはじめて，各辺にコッホ曲線をつくることを繰り返し，n 回目の辺の長さを l_n，辺の個数（頂点の個数）を a_n，周の長さを L_n，面積を S_n とすると，

$$l_n = \left(\frac{1}{3}\right)^{n-1}$$

$$a_n = 3 \cdot 4^{n-1}$$

$$L_n = l_n a_n = 3\left(\frac{4}{3}\right)^{n-1}$$

$$S_n = \frac{\sqrt{3}}{4} + \frac{3\sqrt{3}}{20}\left\{1 - \left(\frac{4}{9}\right)^{n-1}\right\}$$

　本問では，$n = 1$　が正三角形 P，$n = 2$　が多角形 Q，$n = 3$　が多角形 R の場合である。

① データの分析 標準

着眼点

動画を見る時間とデータの容量から**1次不等式**をつくり，解く。

設問解説

項目	1分あたりのデータの容量
標準画質動画の閲覧	4 MB
高画質動画の閲覧	12 MB

この目安が正しいとすると，1日に動画を2時間，毎日30日間見るとき，すべて標準画質動画で見た場合のデータの容量は，1分で4 MB であるから，

$$4 \times 2 \times 60 \times 30 = 14400 \, (\text{MB})$$
$$= \boxed{14}_{アイ} . \boxed{4}_{ウ} \, (\text{GB})$$

すべて高画質動画で見た場合のデータの容量は，1分で12 MB なので，すべて標準画質動画で見た場合の3倍のデータの容量になり，

$$14.4 \times 3 = \boxed{43}_{エオ} . \boxed{2}_{カ} \, (\text{GB})$$

1か月の標準画質動画の閲覧時間を a 分，高画質動画の閲覧時間を b 分とすると，1か月のデータの容量は，

$$4a + 12b \, (\text{MB}) \quad \boxed{③}_{キ}$$

であり，1か月に動画を見るデータの容量は，

$20 - 3.2 = 16.8 \, (\text{GB}) = 16800 \, (\text{MB})$ であるから，

$$4a + 12b \leqq 16800 \quad \boxed{⑦}_{ク}$$

両辺を4で割って　$a + 3b \leqq 4200$　……①

1か月で見る動画の合計時間は30時間より　$30 \times 60 = 1800$（分）　であるから，

$$a + b = 1800 \quad \boxed{⑤}_{ケ}$$

これより　$a = 1800 - b$

①へ代入して　$1800 - b + 3b \leqq 4200$

すなわち　$b \leqq 1200$

よって，1か月で高画質動画は最大　1200（分）＝ $\boxed{20}$ コサ（時間）　見ることができる。

▶研　　究

動画を見るためのデータの容量

　太郎さんが1か月に高画質動画をできるだけ多く見る条件を求める問題である。Wi-Fi環境があったり，通信環境やコンテンツの内容により容量が変動し，通信速度によって使い易さも変わるが，気にせずに解いてほしい。解いてみると，たんなる1次不等式の問題になる。解くときは単位に注意する。

　単位は　1（時間）＝ 60（分），1 GB ＝ 1000 MB　である。なお，1 GB ＝ 2^{10} MB　と定義することもある。

▶着眼点◀

(1) 男女合わせた平均値を求める。

(2) **分散**の求め方を確認する。

(3) 男女それぞれでインターネット接続時間の2乗の平均値を求める。

(4) 男女合わせた**標準偏差**を求める。

▶設問解説◀

項目	男子	女子
人数	30	20
平均値	130	105
分散	350	1350

(1) やや易

男女合わせた50名の平均値は，

$$\frac{130 \times 30 + 105 \times 20}{30 + 20} = \frac{6000}{50} = \boxed{120}_{\text{シスセ}}$$

(2) 標準

変量 x の n 個のデータ $x_1, x_2, \cdots, x_n$ の分散について，

$$\frac{(x_1 - \overline{x})^2 + (x_2 - \overline{x})^2 + \cdots + (x_n - \overline{x})^2}{n}$$

$$= \frac{(x_1^2 + x_2^2 + \cdots + x_n^2) - 2\overline{x}(x_1 + x_2 + \cdots + x_n) + n(\overline{x})^2}{n}$$

$$= \frac{x_1^2 + x_2^2 + \cdots + x_n^2}{n} - 2\overline{x} \cdot \frac{x_1 + x_2 + \cdots + x_n}{n} + (\overline{x})^2$$

$$= \frac{x_1^2 + x_2^2 + \cdots + x_n^2}{n} - 2(\overline{x})^2 + (\overline{x})^2$$

$$\left(\because \frac{x_1 + x_2 + \cdots + x_n}{n} = \overline{x} \right)$$

$$= \overline{x^2} - (\overline{x})^2 \quad \boxed{①}_{\text{ソ}}$$

(3) 標準

男子30名のインターネット接続時間（分）の2乗の平均値を $\overline{x^2}$ とすると(2)より，

$$\overline{x^2} - (130)^2 = 350$$

よって $\overline{x^2} = 17250$ ⑦ タ

女子20名のインターネット接続時間（分）の2乗の平均値を $\overline{y^2}$ とすると，(2)より，

$$\overline{y^2} - (105)^2 = 1350$$

よって，$\overline{y^2} = 12375$ ④ チ

(4) やや難

男女合わせた50名のインターネット接続時間の2乗の平均値は(3)より，

$$\frac{\overline{x^2} \times 30 + \overline{y^2} \times 20}{50} = \frac{17250 \times 30 + 12375 \times 20}{50} = \frac{765000}{50}$$
$$= 15300$$

男女合わせた分散は(2)より，

$$15300 - (120)^2 = 900$$

よって，男女合わせた標準偏差は，$\sqrt{900} = \boxed{30}$ ツテ

分析編

解答・解説編

2021年（第1日程）　予想問題・第1回　予想問題・第2回　予想問題・第3回

男女それぞれで調査した平均値と分散，標準偏差

　人数の異なる男女それぞれの平均値，分散から男女合わせた平均値，標準偏差を求める問題。

　大きな数の計算になるが，このくらいの計算ができないと本番では計算ミスをすると思ってほしい。

(1)　平均値は男女の平均をたして2で割って，$\dfrac{130+105}{2}=117.5$　などとしないこと。

　男女の人数が同じならば問題ないが，男子30名，女子20名なので総和がかわる。

$$\dfrac{(データの総和)}{(個数)}=(平均値)\quad であるから，$$

(データの総和) = (平均値)×(個数)　となる。つまり，データの平均値と個数がわかれば総和もわかる。

　このことから，男女それぞれで総和を求め，男女合わせた総和も求められる。

(2)　分散は偏差の2乗の平均値である。

分散と標準偏差

　　①　偏差の2乗の平均値 を**分散**といい，s^2 と表す。
　　②　分散の正の平方根を**標準偏差**といい，s と表す。

　すなわち，変量 x のデータを n 個の値 $x_1,\ x_2,\ \cdots,\ x_n$ とし，その平均値を $\overline{x}$ とするとき，

①　$s^2=\dfrac{(x_1-\overline{x})^2+(x_2-\overline{x})^2+\cdots+(x_n-\overline{x})^2}{n}$

②　$s=\sqrt{\dfrac{(x_1-\overline{x})^2+(x_2-\overline{x})^2+\cdots+(x_n-\overline{x})^2}{n}}$
　　　$=\sqrt{分散}$

　分散や標準偏差はデータの散らばりの度合いを表す量であり，データの各値が平均値から離れるほど大きな値をとる。

本問で導いたように，分散は平均値の関係式でも表せる。

分析編

解答・解説編

2021年（第1日程）

予想問題・第1回

予想問題・第2回

予想問題・第3回

分散と平均値の関係式

変量 x **のデータを** n **個の値** $x_1,\ x_2,\ \cdots,\ x_n$ **とする。**

変量 x の分散 s^2 と**平均値** $\overline{x}$，x^2 の平均値 $\overline{x^2}$ について，

$$s^2 = \frac{x_1{}^2 + x_2{}^2 + \cdots + x_n{}^2}{n} - \left(\frac{x_1 + x_2 + \cdots + x_n}{n}\right)^2$$

$$= \overline{x^2} - (\overline{x})^2$$

$$= (x^2 \text{の平均値}) - (x \text{の平均値})^2$$

⑶ ⑵よりそれぞれ平均値と分散がわかっているので，時間の2乗の平均値も求められる。

⑷ バラつきを表す尺度の1つである分散は標準偏差の2乗である。つまり，標準偏差 $= \sqrt{分散}$ である。

　分散は偏差の2乗の平均値で求められるが，それで求めるのは厳しい。こういうときに，上記⑵の「分散と平均値の関係式」が使えるのである。

　なお，本問では男女合わせた50名の平均値が120，標準偏差が30であったので，1日にインターネットに接続する平均時間が2時間。その30分前後に多くの人がいると考えられる。

　余談だが，内閣府の「青少年のインターネット利用環境実態調査」（2020年1月から2月に実施）では，高校生が1日の中でネットに「つながっている」時間は248分（4時間8分）とのこと。

　高校生の99.1％が「インターネットを利用している」と回答し，91.9％がスマートフォンを利用し，高校生で1日の中で3時間以上利用する人の割合は66.3％だそうだ。年々これらの数値は増加しているそうで，ほとんどの高校生が使っているようだ。問題文にあったP高校はこの調査に比べると低い平均値になっている。便利だから使えばよいが，受験生はスマートフォン依存になって，勉強がおろそかにならないようにしてほしい。

3 相関係数 標準

着眼点

(1) 4つのデータの組の平均値と分散をそれぞれ求める。

(2) 共分散を求める。

(3) 相関について正しいものを2つ選ぶ。

設問解説

(1) 標準

x, yの平均値をそれぞれ, $\overline{x}$, $\overline{y}$

x, yの分散をそれぞれs_x^2, s_y^2とする。

A, B, C, D はいずれも $\overline{x}=3$, $s_x^2=2$

yについて, それぞれ求めると,

A について,

$$\overline{y}=\overline{x+1}=\overline{x}+1$$
$$=3+1=4$$
$$s_y^2=s_{x+1}{}^2=s_x^2=2$$

	A	B	C	D
yの平均値	4	7	7	9
yの分散	2	8	8	2.8

B について,

$$\overline{y}=\overline{2x+1}=2\overline{x}+1=2\cdot3+1=7$$
$$s_y^2=s_{2x+1}{}^2=2^2 s_x^2=4\cdot2=8$$

C について,

$$\overline{y}=\overline{-2x+13}=-2\overline{x}+13=-2\cdot3+13=7$$
$$s_y^2=s_{-2x+13}{}^2=(-2)^2 s_x^2=4\cdot2=8$$

D について,

$$\overline{y}=\frac{11+8+7+8+11}{5}=\frac{45}{5}=9$$
$$s_y^2=\frac{2^2+(-1)^2+(-2)^2+(-1)^2+2^2}{5}=\frac{14}{5}=2.8$$

別解 $s_y^2=\dfrac{11^2+8^2+7^2+8^2+11^2}{5}-9^2$

$$=\frac{14}{5}=2.8$$

よって, 平均値が最も大きいのは D $\boxed{3}$ト

分散が最も小さいのは A $\boxed{0}$ナ

(2) **標準**

　　Dの共分散をS_{xy}とすると，偏差の積の平均値で右の表より，

x	y	$x-\overline{x}$	$y-\overline{y}$
1	11	-2	2
2	8	-1	-1
3	7	0	-2
4	8	1	-1
5	11	2	2

$$S_{xy}=\frac{(-2)\cdot 2+(-1)\cdot(-1)+0\cdot(-2)+1\cdot(-1)+2\cdot 2}{5}=0 \quad \boxed{④}_{=}$$

別解 Dの共分散S_{xy}は，

（xyの平均値）$-$（xの平均値）$\times$（yの平均値）　より，

$$S_{xy}=\frac{1\cdot 11+2\cdot 8+3\cdot 7+4\cdot 8+5\cdot 11}{5}-3\cdot 9=0$$

(3) **標準**

　　A，Bは強い正の相関がある。Cは強い負の相関がある。

　　これより，⓪，①は正しくない。

　　A，Bの5点はすべて傾きが正の直線上にあるので，相関係数は1

　　Cの5点はすべて傾きが負の直線上にあるので，相関係数は-1

　　Dの相関係数は，共分散をそれぞれの標準偏差の積で割ったものなので，(2)より0

　　よって，Dが最も相関が弱いので，②は正しくなく，③は正しい。

　　AとBの相関係数はともに1で等しいので，④は正しくなく，⑤は正しい。

　　また，BとCの相関係数は等しくないので，⑥は正しくない。

　　よって，正しいものは　$\boxed{③, ⑤}_{ヌ, ネ}$

分析編

解答・解説編

2021年（第1日程）

予想問題・第1回

予想問題・第2回

予想問題・第3回

2つの変量と相関係数

2つの変量が特殊な関係になる場合の問題。

(1) まともに計算しても平均や分散は求められるが，x と y は1次関数の関係がある
ので，変量変換が使える。ただしDのように2次関数の関係だと使えないので注意
する。

平均値の変量の関係

変量 x，$ax + b$ の**平均値**をそれぞれ $\overline{x}$，$\overline{ax + b}$ とすると，

$$\overline{ax + b} = a\,\overline{x} + b$$

分散と標準偏差の変量の関係

変量 x の**分散**を $s_x{}^2$，**標準偏差**を s_x とし，

変量 $ax + b$ の分散を $s_{ax+b}{}^2$，標準偏差を s_{ax+b} とすると，

①　$s_{ax+b}{}^2 = a^2 s_x{}^2$

②　$s_{ax+b} = |a|\, s_x$

ただ，本問では，平均値が最も大きいのは y の座標が大きいDだとわかり，分散
が最も小さいのはバラつきが小さいAだと判断してもよい。

(2) 共分散は偏差の積の平均である。

共　分　散

2つの変量 x，y のデータについて，x の偏差と y の偏差の積の平均値を
共分散
といい，s_{xy} と表す。

　すなわち，2つの変量 x，y のデータについて，対応する n 個の値の組
(x_1, y_1)，(x_2, y_2)，$\cdots$，(x_n, y_n) が与えられ，それぞれの平均値を $\overline{x}$，$\overline{y}$
とするとき，

$$s_{xy} = \frac{(x_1 - \overline{x})(y_1 - \overline{y}) + (x_2 - \overline{x})(y_2 - \overline{y}) + \cdots + (x_n - \overline{x})(y_n - \overline{y})}{n}$$

別解 は共分散を平均値で表す公式で求めた。

共分散と平均値

2つの変量 x, y のデータについて,
対応する n 個の値の組 (x_1, y_1), (x_2, y_2), $\cdots$, (x_n, y_n) が与えられ,
x, y, xy の平均値を,

$$\overline{x} = \frac{x_1 + x_2 + \cdots + x_n}{n}, \quad \overline{y} = \frac{y_1 + y_2 + \cdots + y_n}{n},$$

$$\overline{xy} = \frac{x_1 y_1 + x_2 y_2 + \cdots + x_n y_n}{n}$$

とするとき, 共分散 s_{xy} は,

$$s_{xy} = \overline{xy} - \overline{x} \cdot \overline{y}$$
$$= (xy \text{の平均値}) - \{(x \text{の平均値}) \times (y \text{の平均値})\}$$

なお, 共分散にも変量の関係があるので参考にしてほしい。

共分散の変量の関係

2つの変量 x, y の共分散を s_{xy} とし,
2つの変量 $ax + b$, $cy + d$ の共分散を $s_{(ax+b)(cy+d)}$ とすると,

$$s_{(ax+b)(cy+d)} = ac\,s_{xy}$$

共分散が 0 なのは相関がないということである。

(3) 相関は相関係数からわかる。求め方は, 共分散を標準偏差の積で割る。

相関係数

共分散を標準偏差の積で割った値を**相関係数**といい, r と表す。
すなわち, 2つの変量 x, y のデータの値について, それぞれの標準偏差を s_x, s_y, 共分散を s_{xy} とするとき,

$$r = \frac{s_{xy}}{s_x s_y} = \frac{(\text{共分散})}{(\text{標準偏差の積})}$$

すなわち,

$$r = \frac{\dfrac{(x_1 - \overline{x})(y_1 - \overline{y}) + (x_2 - \overline{x})(y_2 - \overline{y}) + \cdots + (x_n - \overline{x})(y_n - \overline{y})}{n}}{\sqrt{\dfrac{(x_1 - \overline{x})^2 + (x_2 - \overline{x})^2 + \cdots + (x_n - \overline{x})^2}{n}} \sqrt{\dfrac{(y_1 - \overline{y})^2 + (y_2 - \overline{y})^2 + \cdots + (y_n - \overline{y})^2}{n}}}$$

$$= \frac{(x_1 - \overline{x})(y_1 - \overline{y}) + (x_2 - \overline{x})(y_2 - \overline{y}) + \cdots + (x_n - \overline{x})(y_n - \overline{y})}{\sqrt{(x_1 - \overline{x})^2 + (x_2 - \overline{x})^2 + \cdots + (x_n - \overline{x})^2} \sqrt{(y_1 - \overline{y})^2 + (y_2 - \overline{y})^2 + \cdots + (y_n - \overline{y})^2}}$$

(3)で共分散が 0 だったので D は相関係数が 0 だとわかる。

なお，相関係数にも変量の関係があるので参考にしてほしい。

相関係数の変量の関係

2 つの**変量** x, y の**相関係数**を r_{xy} とし，

2 つの変量 $ax+b$, $cy+d$ の相関係数を $r_{(ax+b)(cy+d)}$ とすると，

　1　$ac > 0$　のとき，$r_{(ax+b)(cy+d)} = r_{xy}$

　2　$ac < 0$　のとき，$r_{(ax+b)(cy+d)} = -r_{xy}$

また，「2021 年 1 月実施　共通テスト・第 1 日程」 第2問 2 の 研　究 にもあるように，相関は散布図からもわかる。

傾きが正の直線上にすべての点があるときは相関係数は 1 になる。本問の A, B のように傾きがちがっていても相関係数は 1 になる。

傾きが負の直線上にすべての点があるときは相関係数は -1 になる。

傾きが 0 や傾きがない直線だと標準偏差が 0 になるので相関係数は存在しない。

余力があれば，次のページの 補　題 もやってみてほしい。

補　題

2つの変量 x, y のデータについて，対応する n 個の値の組 (x_1, y_1)，(x_2, y_2)，…，(x_n, y_n) を散布図に表したとき，すべての点が直線 $y = ax + b$ 上に分布するならば，相関係数 r_{xy} は 1 または -1 または計算できないことを示せ。

(x_1, y_1)，(x_2, y_2)，…，(x_n, y_n) はすべて　$y = ax + b$　上に分布するので，

$$y_1 = ax_1 + b,\ y_2 = ax_2 + b,\ …,\ y_n = ax_n + b$$

を満たす。

$a = 0$　とすると　$y_1 = y_2 = \cdots = y_n (= b)$

これは標準偏差　$s_y = 0$　となり，相関係数 r_{xy} は計算できない。

$a \neq 0$　とすると，

$\qquad y$ の標準偏差　$s_y = s_{ax+b} = |a| s_x$　　　　　　　　　……①

y の偏差は　$y - \overline{y} = ax + b - \overline{ax + b} = ax + b - (a\overline{x} + b) = a(x - \overline{x})$

このことから，x と y の偏差の積は　$(x - \overline{x})(y - \overline{y}) = a(x - \overline{x})^2$　となる。

つまり，共分散は x の分散を a 倍したものとなり　$s_{xy} = a s_x^2$　……②

①・②から相関係数は，

$$r_{xy} = \frac{s_{xy}}{s_x s_y} = \frac{a s_x^2}{s_x \cdot |a| s_x} = \frac{a}{|a|} = \begin{cases} 1 & (a > 0) \\ -1 & (a < 0) \end{cases}$$

よって，示された。

補足　データが，傾きをもたない直線　$x = k$　上にあるときは，

$$x_1 = x_2 = \cdots = x_n = k$$

これは，標準偏差　$s_x = 0$　となり，相関係数は計算できない。

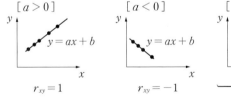

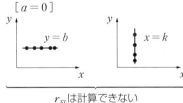

r_{xy} は計算できない

（確　率）　（標準）

着眼点

(1)　余事象の確率を考える。

(2)　乗法定理を用いる。

(3)　(2)もヒントにして確率を求める。

(4)　(2), (3)を考えて条件付き確率を求める。

(5)　(4)と同様に条件付き確率を a を用いて表す。

(6)　(5)の確率が 90 ％となる a の値を求める。

設問解説

(1)　**易**

$$P(\overline{A}) = 1 - P(A) = 1 - \frac{1}{100} = \frac{\boxed{99}_{ア\,イ}}{100} = 99\,(\%)$$

病気 C に感染していない人に検査法 Q を適用すると 5 ％の確率で誤って陽性と判定されるので，正しく陰性と判定される確率は，

$$100 - 5 = \boxed{95}_{ウ\,エ}\,(\%)$$

(2)　**やや易**

病気 C に感染している人が陽性と判定される確率は，

「病気 C に感染している」かつ「感染している人で陽性と判定される」ことから，

$$P(A \cap B) = P(A) \times P_A(B) = \frac{1}{100} \cdot \frac{90}{100} = \frac{\boxed{9}_{カ}}{1000} = \frac{0.9}{100}$$
$$= 0.9\,(\%)\quad\boxed{②}_{オ}$$

(3)　**標準**

陽性と判定される確率は，

「病気 C に感染している人が陽性と判定される」または「病気 C に感染していない人が誤って陽性と判定される」ことから，

$$P(A \cap B) + P(\overline{A} \cap \overline{B})\quad\boxed{②}_{キ}$$
$$= P(A) \times P_A(B) + P(\overline{A}) \times P_{\overline{A}}(\overline{B})$$
$$= \frac{1}{100} \cdot \frac{90}{100} + \frac{99}{100} \cdot \frac{5}{100} = \frac{585}{10000} = \frac{5.85}{100}$$

$$= \boxed{5}_{\not{2}} . \boxed{85}_{\not{5}\exists} (\%)$$

判定が正しい確率は,

「病気 C に感染している人が陽性と判定される」または「病気 C に感染していない人が陰性と判定される」ことから,

$$P(B) = P(A \cap B) + P(\overline{A} \cap B) \quad \boxed{1}_{\not{5}}$$
$$= P(A) \times P_A(B) + P(\overline{A}) \times P_{\overline{A}}(B)$$
$$= \frac{1}{100} \cdot \frac{90}{100} + \frac{99}{100} \cdot \frac{95}{100} = \frac{9495}{10000} = \frac{94.95}{100}$$
$$= \boxed{94}_{\not{5}\not{X}} . \boxed{95}_{\not{5}\not{Y}} (\%)$$

(4) 標準

無作為に選んだ 1 人に検査法 Q を適用して陽性だと判定されたときに, ほんとうに病気 C に感染している確率は(2), (3)より,

$$\frac{P(A \cap B)}{P(A \cap B) + P(\overline{A} \cap \overline{B})} = \frac{\dfrac{90}{10000}}{\dfrac{585}{10000}} = \frac{2}{13} = 0.153\cdots \fallingdotseq 15 (\%)$$

$$\boxed{2}_{\not{9}}$$

(5) 難

$$P(A) = \frac{a}{100}, \quad P(\overline{A}) = 1 - P(A) = \frac{100 - a}{100} \text{ として, (2), (3)と同様}$$

に考えると,

$$P(A \cap B) = P(A) \times P_A(B) = \frac{a}{100} \cdot \frac{90}{100} = \frac{90a}{10000}$$

$$P(\overline{A} \cap \overline{B}) = P(\overline{A}) \times P_{\overline{A}}(\overline{B}) = \frac{100 - a}{100} \cdot \frac{5}{100} = \frac{500 - 5a}{10000}$$

発熱が続く有症状者の中から 1 人を無作為に選んで検査法 Q を適用して陽性だと判定されたときに, ほんとうに病気 C に感染している確率は(4)と同様にして,

$$\frac{P(A \cap B)}{P(A \cap B) + P(\overline{A} \cap \overline{B})} = \frac{\dfrac{90a}{10000}}{\dfrac{85a + 500}{10000}} = \frac{\boxed{18}_{\not{f}\not{y}} a}{\boxed{17}_{\not{f}\not{h}} a + 100}$$

(6)　やや難

　　発熱の有症状者の中から 1 人を無作為に選んで検査法 Q を適用して陽性だと判定されたときに，ほんとうに病気 C に感染している確率が 90 ％であるので，(5)の確率が 90 ％となることを考えて，

$$\frac{18a}{17a+100}=\frac{9}{10}$$

　　すなわち，$a=\dfrac{100}{3}=33.3\cdots \fallingdotseq 33$（％）

　　よって，発熱が続く有症状者が病気 C に感染している確率は，**約 33 ％である。** ②₊

▶研　　究

条件付き確率の応用

病気 C に感染したかを検査法 Q で判定する問題。

⑴　余事象の確率を考える。百分率を確認するため，1 ％を $\dfrac{1}{100}$ とあえて分数でも表した。

　　一般に，$\dfrac{x}{100}=x$（％）　である。

⑵　2 つの事象 A と B は独立ではないので，$P(A \cap B)=P(A) \times P(B)$　としないように注意すること。病気 C に感染しているかいないかで，陽性と判定される確率は変わるので，$P(A \cap B)=P(A) \times P_A(B)$　とすること。なお，$P_A(B)$ は事象 A が起こるという条件のもとで事象 B が起こる条件付き確率を表す。

⑶　陽性と判定されるのは次の 2 つの場合であることに注意する。
　　ⓐ　病気 C に感染している人 (A) が陽性と正しく (B) 判定される
　　ⓑ　病気 C に感染していない人 ($\overline{A}$) が陽性と誤って ($\overline{B}$) 判定される
　　ⓑは偽陽性といわれるものであり，$P(\overline{A}) \times P_{\overline{A}}(B)$　と表せる。$P(\overline{A})$ は⑴で求めている。
　　ⓐとⓑは排反（同時に起こらない）なので和をとると陽性と判定される確率は求められる。
　　また，正しく判定される確率は $P(B)$ とも表せるが，次の 2 つの場合であることに注意する。ただし，確率の求め方は同様である。
　　㋐　病気 C に感染している人 (A) が陽性と正しく (B) 判定される
　　㋑　病気 C に感染していない人 ($\overline{A}$) が陰性と正しく (B) 判定される

⑷　本問は条件付き確率であるが，$\dfrac{ⓐ}{ⓐ+ⓑ}$ の計算をすると求められる。
　　なお，これらの確率は次のページの表のようになる。

検査法Q / 病気C	正しい	誤り	合計
感染している	$\dfrac{1}{100} \times \dfrac{90}{100} = \dfrac{90}{10000}$	$\dfrac{1}{100} \times \dfrac{10}{100} = \dfrac{10}{10000}$	$\dfrac{100}{10000}$
感染していない	$\dfrac{99}{100} \times \dfrac{95}{100} = \dfrac{9405}{10000}$	$\dfrac{99}{100} \times \dfrac{5}{100} = \dfrac{495}{10000}$	$\dfrac{9900}{10000}$
合計	$\dfrac{9495}{10000}$	$\dfrac{505}{10000}$	$\dfrac{10000}{10000}$

これは記号を使うと次の表になる。

検査法Q / 病気C	B	$\overline{B}$	合計
A	$P(A \cap B)$	$P(A \cap \overline{B})$	$P(A)$
$\overline{A}$	$P(\overline{A} \cap B)$	$P(\overline{A} \cap \overline{B})$	$P(\overline{A})$
合計	$P(B)$	$P(\overline{B})$	1

⑸ 条件付き確率の問題であるが，検査をする人を発熱の有症状者に絞って検査をしたことを考えている。感染している確率を無作為に選ぶ場合の1％から a％に変えただけでやることは同じであった。

⑹ ⑸で a を用いて表した条件付き確率を90％にして a の値を求めるだけである。

　検査法Qを適用して陽性だと判定されたときに，ほんとうに病気Cに感染している確率について，⑷のように，病気Cに感染している人が1％の中から無作為に選ぶ場合は約15％と精度は低いが，⑹のように，病気Cに感染している人が約33％の有症状者に絞った場合は90％と精度は高くなる。やみくもに検査するよりも症状が出た人に絞って検査をしたほうが精度が高くなるということである。

第4問　**数 学 A**

着眼点

(1) 1次不定方程式を解く。
(2) 文字の入った1次不定方程式を解く。
(3) 3変数の不定方程式を満たす整数の組の個数を考える。
(4) 積の形に変形して整数の組を求める。
(5) 分数の和が整数になる条件を調べる。
(6) 分母が異なる既約分数の和が整数になるかを調べる。

設問解説

(1) 標準

$\dfrac{x}{2} + \dfrac{y}{3} = \dfrac{5}{6}$　の両辺に 6 をかけて,

$$3x + 2y = 5 \quad \cdots\cdots ①$$
$$3 \cdot 1 + 2 \cdot 1 = 5 \quad \cdots\cdots ②$$

①−② として,　$3(x-1) + 2(y-1) = 0$

すなわち,　$3(x-1) = 2(1-y)$

2 と 3 は互いに素, $x-1$, $1-y$ は整数なので, 整数 k を用いて,

$$\begin{cases} x-1 = 2k \\ 1-y = 3k \end{cases}$$

ゆえに　$(x, y) = (2k+1, 1-3k)$

x の値は1桁の整数なので　$1 \leqq 2k+1 \leqq 9$　であるから

$$k = 0, 1, 2, 3, 4$$

よって, 整数の組 (x, y) のうち x が1桁の自然数となるものは $\boxed{5}_{ア}$ 組

で, x の値が最も大きい組は　$k=4$　より, $(x, y) = (\boxed{9}_{イ}, \boxed{-11}_{ウエオ})$

(2) 標準

a を整数とする。$\dfrac{x}{2} + \dfrac{y}{3} = a$　の両辺に 6 をかけて,

$3x + 2y = 6a$　すなわち　$2y = 3(2a-x)$

$2a-x$, y は整数で, 2 と 3 は互いに素であるから, $(2a-x)$ は 2 の倍数,

y は $\boxed{3}_{カ}$ の倍数である。

整数 k を用いて
$$\begin{cases} 2a - x = 2k \\ y = 3k \end{cases}$$
すなわち, $x = \boxed{2}_{\text{キ}} \, a - \boxed{2}_{\text{ク}} \, k, \ y = 3k$
と表せる。

注意 「y は 6 の倍数」や「y は 9 の倍数」とするのは誤答である。たとえば, 満たす整数の組 $(x, y) = (2a - 2, 3)$ の $y = 3$ は, 6 の倍数ではあるが, 9 の倍数ではない。

(3) **やや難**

b を整数とする。$\dfrac{x}{2} + \dfrac{y}{3} + \dfrac{z}{6} = b$ を満たす整数の組 (x, y, z) の組数を考える。

$$z = 6m \, (m \text{ は整数}) \quad \text{とおくと} \quad \dfrac{x}{2} + \dfrac{y}{3} = b - m$$

どのような整数 b に対しても $b - m = a$ とおくと a は整数であり,

$$\dfrac{x}{2} + \dfrac{y}{3} = a$$

(2)よりこれを満たす整数の組 (x, y) は無数に存在する。
よって, b がどのような整数の値でも組 (x, y, z) は無数に存在する。

$$\boxed{②}_{\text{ケ}}$$

(4) **標準**

$pq - 4p - 2q = (p - \boxed{2}_{\text{コ}})(q - \boxed{4}_{\text{サ}}) - \boxed{8}_{\text{シ}} \quad \cdots\cdots ③$

$\dfrac{2}{p} + \dfrac{4}{q} = 1$ に $p \neq 0$, $q \neq 0$ のもとで両辺に pq をかけて,

$\quad 2q + 4p = pq$ すなわち

$\quad pq - 4p - 2q = 0$

③より,

$(p - 2)(q - 4) = 8$

$p - 2$, $q - 4$ は整数であるから, 右の表のようになり $(p, q) \neq (0, 0)$ であることに注意すると, 組 (p, q) は, $\boxed{7}_{\text{ス}}$ 組ある。p が最大になるのは, $(p, q) = (\boxed{10}_{\text{セソ}}, \boxed{5}_{\text{タ}})$ である。

$p - 2$	$q - 4$	p	q
8	1	10	5
4	2	6	6
2	4	4	8
1	8	3	12
-1	-8	1	-4
-2	-4	0	0
-4	-2	-2	2
-8	-1	-6	3

分析編

解答・解説編

2021年(第1日程)

予想問題・第1回

予想問題・第2回

予想問題・第3回

(5) 標準

a を整数とし，$\dfrac{x}{p}+\dfrac{y}{q}=a$　とおく。

両辺に pq をかけて　$qx+py=apq$

すなわち　$qx=p(aq-y)$

よって，qx は $\boldsymbol{p}$ の倍数である。　$\boxed{①}_\text{チ}$

x と p が互いに素であるならば，$\boldsymbol{q}$ は $\boldsymbol{p}$ の倍数である。　$\boxed{②}_\text{ツ}$

また，$py=q(ap-x)$

よって，py は $\boldsymbol{q}$ の倍数である。　$\boxed{②}_\text{テ}$

y と q が互いに素であるならば，$\boldsymbol{p}$ は q の倍数である。　$\boxed{①}_\text{ト}$

(6) 難

$\dfrac{x}{p}$ と $\dfrac{y}{q}$ を分母が異なる既約分数として，$\dfrac{x}{p}+\dfrac{y}{q}$ の値が整数 a であるとすると，

$$\dfrac{x}{p}+\dfrac{y}{q}=a$$

と表せる。このとき，x と p が互いに素，y と q が互いに素という条件と(5)より，

「q は p の倍数」　かつ　「p は q の倍数」　がいえる。

ところが　$p \neq q$　であるからこのような $p,\ q$ は存在しない。

すなわち，$\dfrac{x}{p}+\dfrac{y}{q}$ は整数の値をとることはない。

よって，整数の組 $(p,\ q,\ x,\ y)$ はどのような整数の値に対しても存在しない。　$\boxed{⓪}_\text{ナ}$

▶研 究◀

分数の和と整数

分数（有理数）の和に関する整数問題であった。

(1) 分数のままだと考えにくいので，変形して係数を整数にするといつもの 1 次不定方程式になる。

k の値の数だけ整数の組 $(x,\ y)$ が決まるが，具体的には，

$(x,\ y)=(1,\ 1),\ (3,\ -2),\ (5,\ -5),\ (7,\ -8),\ (9,\ -11)$ の 5 組ある。

(2) $\dfrac{x}{2}+\dfrac{y}{3}$ が整数になる場合を考えている。文字があっても x が 1 桁の自然数になるものは(1)のように係数を整数になるように変形するとよい。$3x+2y=6a$　について，$3x$ と $6a$ が 3 の倍数であることから $2y$ が 3 の倍数であることがみえる。

(3) $\dfrac{x}{2}+\dfrac{y}{3}+\dfrac{z}{6}=b$ を変形すると，$\dfrac{x}{2}+\dfrac{y}{3}=b-\dfrac{z}{6}$ となるが，$b-\dfrac{z}{6}$ が整数なら

ば，(2)が使えることに気づくとよい。どのような整数 b に対しても z が 6 の倍数なら

ば，$b-\dfrac{z}{6}=a$ (a は整数) とおけて，$(x,\ y)$ は(2)より無数にある。このことから，

組 $(x,\ y,\ z)$ は無数に存在する。

(4) $\dfrac{2}{p}+\dfrac{4}{q}=1$ を満たす整数の組は問題文のとおり，積の形にするのが定石である。

ただし，組 $(p,\ q)$ は 8 組としてしまいそうだが，$(p,\ q)=(0,\ 0)$ の場合は分母が 0

となり，不適になるので，7 組が正解であった。

(5) qx が p の倍数で x と p が互いに素であるならば，q は p の倍数である。これは，

具体的な例でやってみると，$3q$ が 5 の倍数とすると，3 と 5 互いに素なので，q は

5 の倍数であるということである。

(6) 分母が異なる既約分数の和が整数になるか調べるが

$\dfrac{1}{2}+\dfrac{1}{3}=\dfrac{5}{6}$，$\dfrac{2}{3}+\dfrac{3}{5}=\dfrac{19}{15}$ のように整数にならない。

本問からわかることは次のことである。

> 分母が異なる 2 つの既約分数 $\dfrac{x}{p}$ と $\dfrac{y}{q}$ について，和 $\dfrac{x}{p}+\dfrac{y}{q}$ は整数にならな
>
> い。

整数になるような $p,\ q$ は，(5)から存在しないといえる。

「q は p の倍数」かつ「p は q の倍数」となるのは，$p=q$ のみである。

ところが，分母が異なるので，$p\neq q$ である。

なお，$p=q$ とすると $\dfrac{x}{p}+\dfrac{y}{p}=\dfrac{x+y}{p}$ となり，$x+y$ が p の倍数ならば整

数になる。

たとえば，$\dfrac{1}{2}+\dfrac{1}{2}=1$，$\dfrac{2}{3}+\dfrac{4}{3}=2$ のように整数になる場合がある。

また，分母が異なる 3 つの既約分数の和については，(1)で $x=1$，$y=1$，(3)で

$z=1$，$b=1$ とすることからもわかる。$\dfrac{1}{2}+\dfrac{1}{3}+\dfrac{1}{6}=1$ のように整数になる場

合がある。

第5問　数 学 A

[図形の性質]　やや難

▶着眼点

(1)　△ABC の各辺の垂直二等分線の交点と，中線の交点を考える。

(2)　面積比を考えて，関係式をつくる。

(3)　(2)の結果に**チェバの定理の逆**を考えると正誤がわかる。

▶設問解説

(1)　標準

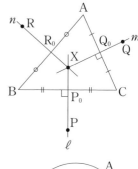

　　点 X は △ABC の辺の垂直二等分線 BC，CA，AB の交点であるから，△ABC の外心である。　⓪ア

　　∠BAC ＝ 90° ならば △ABC の外接円は直径が線分 BC の円になるので，外心 X は線分 BC の中点となる。

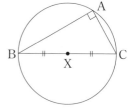

　　よって，点 X は △ABC の周上（頂点をのぞく）に存在する。　②イ

　　点 P_0，点 Q_0，点 R_0 はそれぞれ三角形の辺 BC，CA，AB の中点である。

　　点 Y は 3 つの中線 AP_0，BQ_0，CR_0 の交点であるから，重心である。　③ウ

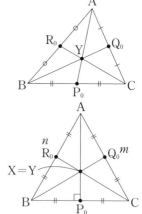

　　点 X と点 Y が一致することは，△ABC の外心と重心が一致することである。

　　AB ＝ AC ならば，直線 ℓ は点 A を通るので AP_0 は中線であり，辺 BC の垂直二等分線でもあるので，点 X，Y は直線 ℓ 上にある。

　　同様に，BC ＝ CA ならば，点 X，Y は直線 m 上にある。直線 ℓ と m の交点は 1 つしかないので，点 X，Y は一致する。

　　すなわち，△ABC が正三角形ならば，つねに点 X と点 Y が一致する。つまり(II)は正しい。

　　△ABC が正三角形でないならば，長さが異なる辺がある。

たとえば，AB ≠ AC とすると，直線 ℓ は頂点 A を通らないので，ℓ 上に点 Y はないため点 X と点 Y は一致しない。

つまり，正三角形でないならば，点 X と点 Y は一致しない。

これより，(Ⅰ)(Ⅲ)は誤りである。

よって，正誤の組合せで正しいものは　⑤ エ

(2)　やや難

△ARC と △BRC の面積比について，RC を底辺とみると高さの比が面積比であるから，

$$\frac{\triangle \mathrm{ARC}}{\triangle \mathrm{BRC}} = \frac{\mathrm{AF}}{\mathrm{BF}}$$

また，R が線分 AB の垂直二等分線 n 上にあることから，AR = BR がいえるため，

$$\frac{\triangle \mathrm{ARC}}{\triangle \mathrm{BRC}} = \frac{\frac{1}{2} \cdot \mathrm{AR} \cdot \mathrm{AC} \sin \angle \mathrm{CAR}}{\frac{1}{2} \cdot \mathrm{BR} \cdot \mathrm{BC} \sin \angle \mathrm{RBC}} = \frac{\mathrm{AC} \sin (A + \theta)}{\mathrm{BC} \sin (B + \theta)}$$

これらのことから，$\dfrac{\mathbf{AF}}{\mathbf{BF}} = \dfrac{\mathbf{AC} \sin (A + \theta)}{\mathbf{BC} \sin (B + \theta)}$　⑤ オ，① カ，④ キ

……①

同様にして，△APB と △APC の面積比から，

$$\frac{\mathbf{BD}}{\mathbf{DC}} = \frac{\mathbf{AB} \sin (B + \theta)}{\mathbf{AC} \sin (C + \theta)}$$

⑦ ク，⓪ ケ，① コ　……②

△BQC と △BQA の面積比から，

$$\frac{\mathbf{EC}}{\mathbf{AE}} = \frac{\mathbf{BC} \sin (C + \theta)}{\mathbf{AB} \sin (A + \theta)}$$

② サ，④ シ，⓪ ス　……③

①，②，③より，

$$\frac{\mathrm{AF}}{\mathrm{BF}} \cdot \frac{\mathrm{BD}}{\mathrm{DC}} \cdot \frac{\mathrm{EC}}{\mathrm{AE}}$$

$$= \frac{\mathrm{AC} \sin (A + \theta)}{\mathrm{BC} \sin (B + \theta)} \cdot \frac{\mathrm{AB} \sin (B + \theta)}{\mathrm{AC} \sin (C + \theta)} \cdot \frac{\mathrm{BC} \sin (C + \theta)}{\mathrm{AB} \sin (A + \theta)} = \boxed{1} \, \text{セ}$$

(3) 　やや難

　　(2)より　$\dfrac{AF}{FB}\cdot\dfrac{BD}{DC}\cdot\dfrac{CE}{EA}=1$　が成り立つので，チェバの定理の逆
から3つの線分 AD，BE，CF は1点で交わる。すなわち，3つの線分
AP，BQ，CR は1点で交わる。

　　このとき，
$\angle PBC=\angle PCB=\angle QCA=\angle QAC=\angle RAB=\angle RBA=\theta$　である
から，3つの三角形 △PBC，△QCA，△RAB はすべて2角が等しく，
相似な二等辺三角形である。すなわち，(I)は正しい。

　　$\angle PBC=\angle PCB=\angle QCA=\angle QAC=\angle RAB=\angle RBA=\theta$　の
関係を成り立たなくすると，(2)の①〜③の sin が同じ θ で表せなくなり，
$\dfrac{AF}{BF}\cdot\dfrac{BD}{DC}\cdot\dfrac{CE}{AE}\neq1$　となることもあるので，(II)は誤り。

　　△ABC が正三角形ならば，3つの線分 AP，BQ，CR は，(1)でもみた
ように，△ABC の重心（外心）で交わるから(III)は正しい。

　　よって，　②ツ

1点で交わる3直線

平面上で互いに平行でない3本の直線が1点で交わることを考える問題。

(1) △ABC の外心と重心がわかっていれば解ける問題だった。外心は直角三角形ならば，斜辺の中点になる。外心と重心については，「2021年1月実施　共通テスト・第1日程」 第5問 の 研　究 も参照のこと。

△ABC が正三角形のとき，外心と重心が一致する。

なお，正三角形は外心，重心，内心，垂心は，すべて一致する。

これら4つのうち2つが一致する三角形は，正三角形である。

(2) 図を描くとわかるが，△PBC，△QAC，△RAB は底角が θ の相似な二等辺三角形になっている。そもそも，点 P, Q, R は垂直二等分線上にあることから，

BP = CP，CQ = AQ，AR = BR　の関係が成り立つことに注意する。

三角形の面積比から関係式をつくるが，

三角形の面積を立式すると　$\dfrac{1}{2} \times$ (底辺) $\times$ (高さ)　なので，(底辺) が同じなら (高さ) の比が面積比になる。

また，問題文に，$\sin(A + \theta)$，$\sin(B + \theta)$ があるので，三角比の面積公式を使うと予想できる。

①，②，③の式をかけると θ に関係なく一定値1になる。

(3) (2)で導いた式から，チェバの定理がみえる。この問題には次の定理が背景にある。

キエペルト (Kiepert)の定理

△ABC の各辺の外側に相似な3つの二等辺三角形 △PBC，△QCA，△RAB をつくる。ただし，

$\angle RAB = \angle RBA = \angle PBC = \angle PCB = \angle QCA = \angle QAC$　とする。

このとき，**直線 AP, BQ, CR は1点で交わる。**

問題文で太郎さんがいっていたが，平面上で平行でない2本の直線が交わるのはわかるが，互いに平行でない3本の直線が1点で交わるのはおもしろい性質である。それがきちんと証明できたら定理になる。

補足 で余計な話をすると，本問での θ を限りなく $90°$ にすると，直線 AP, BQ, CR が1点で交わる点は △ABC の垂心に近づくことが知られている。これは △ABC の外部にある二等辺三角形の底角が直角に近づき，頂角が $0°$ に近づくことから点 P, Q, R が △ABC からかなり遠い点になって，$AP \perp BC$，$BQ \perp CA$，$CR \perp AB$　になっていくからである。

また，θ を $60°$ にすると，外部にある二等辺三角形は正三角形になるが，直線 AP, BQ, CR が1点で交わる点は「フェルマー点」と呼ばれている。共通テストの試行調査の問題でテーマにされた点だ。

佐々木　誠（ささき　まこと）

　代々木ゼミナール数学科講師。広島市出身。数学が好きで、そのおもしろさを伝えたいと予備校講師の道へ。

　みずからがテキストを作成した大学別対策講座を長年担当。また、模擬試験の作問などでも活躍。その授業は「癒やしの講義」として支持されている。

　著書に、『改訂版　大学入学共通テスト　数学Ⅱ・B予想問題集』『数学検定準2級に面白いほど合格する本』（以上、KADOKAWA）がある。

改訂第2版　大学入学共通テスト
数学Ⅰ・A予想問題集

2021年8月6日　初版発行

著者／佐々木　誠

発行者／青柳　昌行

発行／株式会社KADOKAWA
〒102-8177　東京都千代田区富士見2-13-3
電話　0570-002-301（ナビダイヤル）

印刷所／株式会社加藤文明社印刷所

本書の無断複製（コピー、スキャン、デジタル化等）並びに
無断複製物の譲渡及び配信は、著作権法上での例外を除き禁じられています。
また、本書を代行業者などの第三者に依頼して複製する行為は、
たとえ個人や家庭内での利用であっても一切認められておりません。

●お問い合わせ
https://www.kadokawa.co.jp/（「お問い合わせ」へお進みください）
※内容によっては、お答えできない場合があります。
※サポートは日本国内のみとさせていただきます。
※Japanese text only

定価はカバーに表示してあります。

©Makoto Sasaki 2021　Printed in Japan
ISBN 978-4-04-605182-0　C7041

改訂第2版

大学入学共通テスト

数学I・A

予想問題集

別　冊

問　題　編

この別冊は本体に糊付けされています。
別冊を外す際の背表紙の剥離等については交
換いたしかねますので、本体を開いた状態でゆっ
くり丁寧に取り外してください。

別　冊

本　冊

分析編

2021年1月実施　共通テスト・第1日程の大問別講評
共通テストで求められる学力
共通テスト対策の具体的な学習法
単元別の学習法

解答・解説編

2021年1月実施　共通テスト・第1日程　解答・解説
予想問題・第1回　解答・解説
予想問題・第2回　解答・解説
予想問題・第3回　解答・解説

2021年1月実施
共通テスト・第1日程

100点／70分

*「第1問」「第2問」は必答です。

*「第3問」「第4問」「第5問」は、いずれか2問を選択して解答してください。

第 1 問 （必答問題）（配点　30）

〔1〕 c を正の整数とする。x の 2 次方程式

$$2x^2 + (4c-3)x + 2c^2 - c - 11 = 0 \qquad \cdots\cdots\cdots①$$

について考える。

(1) $c=1$ のとき，①の左辺を因数分解すると

$$\left(\boxed{\ \text{ア}\ }x + \boxed{\ \text{イ}\ }\right)\left(x - \boxed{\ \text{ウ}\ }\right)$$

であるから，①の解は

$$x = -\dfrac{\boxed{\ \text{イ}\ }}{\boxed{\ \text{ア}\ }}, \ \boxed{\ \text{ウ}\ }$$

である。

(2) $c=2$ のとき，①の解は

$$x = \dfrac{-\boxed{\ \text{エ}\ } \pm \sqrt{\boxed{\ \text{オカ}\ }}}{\boxed{\ \text{キ}\ }}$$

であり，大きい方の解を α とすると

$$\dfrac{5}{\alpha} = \dfrac{\boxed{\ \text{ク}\ } + \sqrt{\boxed{\ \text{ケコ}\ }}}{\boxed{\ \text{サ}\ }}$$

である。また，$m < \dfrac{5}{\alpha} < m+1$ を満たす整数 m は $\boxed{\ \text{シ}\ }$ である。

2

(3) 太郎さんと花子さんは，①の解について考察している。

太郎：①の解は c の値によって，ともに有理数である場合もあれ
　　　ば，ともに無理数である場合もあるね。c がどのような値
　　　のときに，解は有理数になるのかな。
花子：2次方程式の解の公式の根号の中に着目すればいいんじゃ
　　　ないかな。

　①の解が異なる二つの有理数であるような正の整数 c の個数は
　 ス 　個である。

問題編

2021年（第1日程）

予想問題・第1回

予想問題・第2回

予想問題・第3回

〔2〕 右の図のように，△ABC の外側に
辺 AB, BC, CA をそれぞれ 1 辺とす
る正方形 ADEB, BFGC, CHIA をか
き，2 点 E と F, G と H, I と D をそ
れぞれ線分で結んだ図形を考える。以
下において

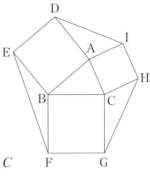

$$BC = a,\ CA = b,\ AB = c$$

$$\angle CAB = A,\ \angle ABC = B,\ \angle BCA = C$$

とする。

参考図

(1) $b = 6,\ c = 5,\ \cos A = \dfrac{3}{5}$ のとき，$\sin A = \dfrac{\boxed{セ}}{\boxed{ソ}}$ であり，

△ABC の面積は $\boxed{タチ}$，△AID の面積は $\boxed{ツテ}$ である。

(2) 正方形 BFGC, CHIA, ADEB の面積をそれぞれ $S_1,\ S_2,\ S_3$ とする。
このとき，$S_1 - S_2 - S_3$ は

- $0° < A < 90°$ のとき，$\boxed{ト}$。
- $A = 90°$ のとき，$\boxed{ナ}$。
- $90° < A < 180°$ のとき，$\boxed{ニ}$。

$\boxed{ト}$ 〜 $\boxed{ニ}$ の解答群（同じものを繰り返し選んでもよい。）

⓪ 0 である

① 正の値である

② 負の値である

③ 正の値も負の値もとる

4

(3) △AID, △BEF, △CGH の面積をそれぞれ T_1, T_2, T_3 とする。このとき, ヌ である。

ヌ の解答群

⓪ $a < b < c$ ならば, $T_1 > T_2 > T_3$

① $a < b < c$ ならば, $T_1 < T_2 < T_3$

② A が鈍角ならば, $T_1 < T_2$ かつ $T_1 < T_3$

③ a, b, c の値に関係なく, $T_1 = T_2 = T_3$

(4) △ABC, △AID, △BEF, △CGH のうち, 外接円の半径が最も小さいものを求める。

$0° < A < 90°$ のとき, ID ネ BC であり

（△AID の外接円の半径） ノ （△ABC の外接円の半径）

であるから, 外接円の半径が最も小さい三角形は

・$0° < A < B < C < 90°$ のとき, ハ である。

・$0° < A < B < 90° < C$ のとき, ヒ である。

ネ , ノ の解答群（同じものを繰り返し選んでもよい。）

⓪ $<$ ① $=$ ② $>$

ハ , ヒ の解答群（同じものを繰り返し選んでもよい。）

⓪ △ABC   ① △AID   ② △BEF   ③ △CGH

問題編

2021年（第1日程）

予想問題・第1回

予想問題・第2回

予想問題・第3回

第2問 （**必答問題**）（配点 30）

〔1〕 陸上競技の短距離 100 m 走では，100 m を走るのにかかる時間（以下，タイムと呼ぶ）は，1 歩あたりの進む距離（以下，ストライドと呼ぶ）と 1 秒あたりの歩数（以下，ピッチと呼ぶ）に関係がある。ストライドとピッチはそれぞれ以下の式で与えられる。

$$\text{ストライド(m/歩)} = \frac{100\,(\text{m})}{100\,\text{m を走るのにかかった歩数}(\text{歩})}$$

$$\text{ピッチ(歩/秒)} = \frac{100\,\text{m を走るのにかかった歩数}(\text{歩})}{\text{タイム}(\text{秒})}$$

ただし，100 m を走るのにかかった歩数は，最後の 1 歩がゴールラインをまたぐこともあるので，小数で表される。以下，単位は必要のない限り省略する。

例えば，タイムが 10.81 で，そのときの歩数が 48.5 であったとき，ストライドは $\frac{100}{48.5}$ より約 2.06，ピッチは $\frac{48.5}{10.81}$ より約 4.49 である。

なお，小数の形で解答する場合は，**解答上の注意**にあるように，指定された桁数の一つ下の桁を四捨五入して答えよ。また，必要に応じて，指定された桁まで⓪にマークせよ。

(1) ストライドを x, ピッチを z とおく。ピッチは1秒あたりの歩数, ストライドは1歩あたりの進む距離なので, 1秒あたりの進む距離すなわち平均速度は, x と z を用いて $\boxed{\text{ア}}$ (m/秒) と表される。

これより, タイムと, ストライド, ピッチとの関係は

$$\text{タイム} = \frac{100}{\boxed{\text{ア}}} \qquad \cdots\cdots\cdots ①$$

と表されるので, $\boxed{\text{ア}}$ が最大になるときにタイムが最もよくなる。

ただし, タイムがよくなるとは, タイムの値が小さくなることである。

$\boxed{\text{ア}}$ の解答群

⓪ $x+z$	① $z-x$	② xz
③ $\dfrac{x+z}{2}$	④ $\dfrac{z-x}{2}$	⑤ $\dfrac{xz}{2}$

(2) 男子短距離 100 m 走の選手である太郎さんは, ①に着目して, タイムが最もよくなるストライドとピッチを考えることにした。

次の表は, 太郎さんが練習で 100 m を3回走ったときのストライドとピッチのデータである。

	1回目	2回目	3回目
ストライド	2.05	2.10	2.15
ピッチ	4.70	4.60	4.50

また, ストライドとピッチにはそれぞれ限界がある。太郎さんの場合, ストライドの最大値は 2.40, ピッチの最大値は 4.80 である。

太郎さんは, 上の表から, ストライドが 0.05 大きくなるとピッチが 0.1 小さくなるという関係があると考えて, ピッチがストライドの1次関数として表されると仮定した。このとき, ピッチ z はストライド x を用いて

問題編

2021年（第1日程）

予想問題・第1回 予想問題・第2回 予想問題・第3回

$$z = \boxed{\text{イウ}}\, x + \frac{\boxed{\text{エオ}}}{5} \qquad \cdots\cdots ②$$

と表される。

②が太郎さんのストライドの最大値 2.40 とピッチの最大値 4.80 まで成り立つと仮定すると，x の値の範囲は次のようになる。

$$\boxed{\text{カ}}.\boxed{\text{キク}} \leqq x \leqq 2.40$$

$y = \boxed{\text{ア}}$ とおく。②を $y = \boxed{\text{ア}}$ に代入することにより，y を x の関数として表すことができる。太郎さんのタイムが最もよくなるストライドとピッチを求めるためには，$\boxed{\text{カ}}.\boxed{\text{キク}} \leqq x \leqq 2.40$ の範囲で y の値を最大にする x の値を見つければよい。このとき，y の値が最大になるのは $x = \boxed{\text{ケ}}.\boxed{\text{コサ}}$ のときである。

よって，太郎さんのタイムが最もよくなるのは，ストライドが $\boxed{\text{ケ}}.\boxed{\text{コサ}}$ のときであり，このとき，ピッチは $\boxed{\text{シ}}.\boxed{\text{スセ}}$ である。また，このときの太郎さんのタイムは，①により $\boxed{\text{ソ}}$ である。

$\boxed{\text{ソ}}$ については，最も適当なものを，次の⓪～⑤のうちから一つ選べ。

⓪ 9.68	① 9.97	② 10.09
③ 10.33	④ 10.42	⑤ 10.55

〔2〕 就業者の従事する産業は，勤務する事業所の主な経済活動の種類によって，第1次産業（農業，林業と漁業），第2次産業（鉱業，建設業と製造業），第3次産業（前記以外の産業）の三つに分類される。国の労働状況の調査（国勢調査）では，47の都道府県別に第1次，第2次，第3次それぞれの産業ごとの就業者数が発表されている。ここでは都道府県別に，就業者数に対する各産業に就業する人数の割合を算出したものを，各産業の「就業者数割合」と呼ぶことにする。

(1) 図1は，1975年度から2010年度まで5年ごとの8個の年度（それぞれを時点という）における都道府県別の三つの産業の就業者数割合を箱ひげ図で表したものである。各時点の箱ひげ図は，それぞれ上から順に第1次産業，第2次産業，第3次産業のものである。

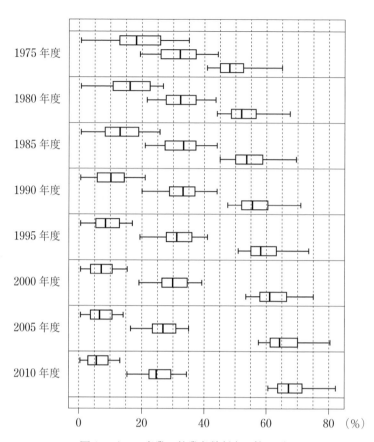

図1　三つの産業の就業者数割合の箱ひげ図

（出典：総務省の Web ページにより作成）

次の⓪～⑤のうち，図1から読み取れることとして**正しくないもの**は　タ　と　チ　である。

タ , チ の解答群 (解答の順序は問わない。)

⓪　第1次産業の就業者数割合の四分位範囲は，2000年度までは，後の時点になるにしたがって減少している。

①　第1次産業の就業者数割合について，左側のひげの長さと右側のひげの長さを比較すると，どの時点においても左側の方が長い。

②　第2次産業の就業者数割合の中央値は，1990年度以降，後の時点になるにしたがって減少している。

③　第2次産業の就業者数割合の第1四分位数は，後の時点になるにしたがって減少している。

④　第3次産業の就業者数割合の第3四分位数は，後の時点になるにしたがって増加している。

⑤　第3次産業の就業者数割合の最小値は，後の時点になるにしたがって増加している。

問題編

2021年（第1日程）

予想問題・第1回　予想問題・第2回　予想問題・第3回

(2) (1)で取り上げた8時点の中から5時点を取り出して考える。各時点における都道府県別の，第1次産業と第3次産業の就業者数割合のヒストグラムを一つのグラフにまとめてかいたものが，次の五つのグラフである。それぞれの右側の網掛けしたヒストグラムが第3次産業のものである。なお，ヒストグラムの各階級の区間は，左側の数値を含み，右側の数値を含まない。

- 1985年度におけるグラフは ツ である。
- 1995年度におけるグラフは テ である。

ツ ， テ については，最も適当なものを，次の⓪〜④のうちから一つずつ選べ。ただし，同じものを繰り返し選んでもよい。

⓪

（都道府県数）

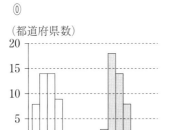

①

（都道府県数）

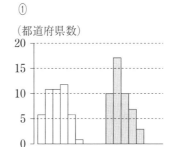

②

（都道府県数）

③

（都道府県数）

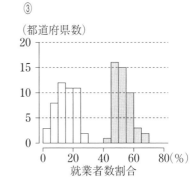

④

（都道府県数）

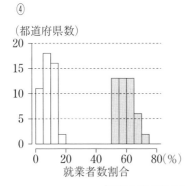

（出典：総務省の Web ページにより作成）

(3) 三つの産業から二つずつを組み合わせて都道府県別の就業者数割合
の散布図を作成した。図2の散布図群は，左から順に1975年度にお
ける第1次産業（横軸）と第2次産業（縦軸）の散布図，第2次産業
（横軸）と第3次産業（縦軸）の散布図，および第3次産業（横軸）
と第1次産業（縦軸）の散布図である。また，図3は同様に作成した
2015年度の散布図群である。

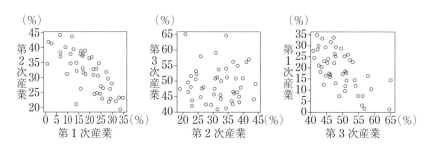

図2　1975年度の散布図群

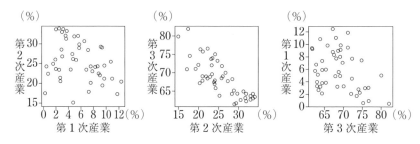

図3　2015年度の散布図群

（出典：図2，図3はともに総務省のWebページにより作成）

次の(I)，(II)，(III)は，1975年度を基準としたときの，2015年度の変化
を記述したものである。ただし，ここで「相関が強くなった」とは，
相関係数の絶対値が大きくなったことを意味する。

(I) 都道府県別の第 1 次産業の就業者数割合と第 2 次産業の就業者数割合の間の相関は強くなった。

(II) 都道府県別の第 2 次産業の就業者数割合と第 3 次産業の就業者数割合の間の相関は強くなった。

(Ⅲ) 都道府県別の第 3 次産業の就業者数割合と第 1 次産業の就業者数割合の間の相関は強くなった。

(I), (II), (Ⅲ)の正誤の組合せとして正しいものは　ト　である。

ト　の解答群

	⓪	①	②	③	④	⑤	⑥	⑦
(I)	正	正	正	正	誤	誤	誤	誤
(II)	正	正	誤	誤	正	正	誤	誤
(Ⅲ)	正	誤	正	誤	正	誤	正	誤

問題編

2021年（第1日程）　予想問題・第1回　予想問題・第2回　予想問題・第3回

⑷ 各都道府県の就業者数の内訳として男女別の就業者数も発表されて
いる。そこで，就業者数に対する男性・女性の就業者数の割合をそれ
ぞれ「男性の就業者数割合」，「女性の就業者数割合」と呼ぶことにし，
これらを都道府県別に算出した。図4は，2015年度における都道府県
別の，第1次産業の就業者数割合（横軸）と，男性の就業者数割合（縦
軸）の散布図である。

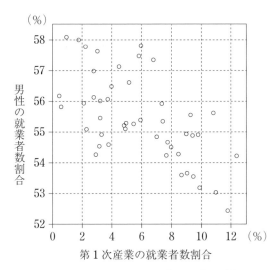

図4　都道府県の，第1次産業の就業者数割合と，
　　　男性の就業者数割合の散布図

（出典：総務省の Web ページにより作成）

各都道府県の，男性の就業者数と女性の就業者数を合計すると就業者数の全体となることに注意すると，2015年度における都道府県別の，第1次産業の就業者数割合（横軸）と，女性の就業者数割合（縦軸）の散布図は ナ である。

　 ナ については，最も適当なものを，下の⓪～③のうちから一つ選べ。なお，設問の都合で各散布図の横軸と縦軸の目盛りは省略しているが，横軸は右方向，縦軸は上方向がそれぞれ正の方向である。

⓪
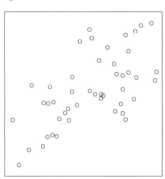

①
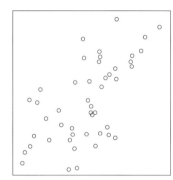

②
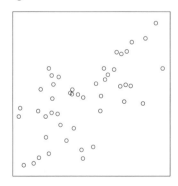

③
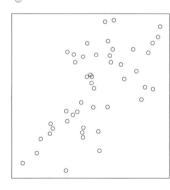

第3問 （選択問題）（配点　20）

中にくじが入っている箱が複数あり，各箱の外見は同じであるが，当たりくじを引く確率は異なっている。くじ引きの結果から，どの箱からくじを引いた可能性が高いかを，条件付き確率を用いて考えよう。

(1)　当たりくじを引く確率が $\dfrac{1}{2}$ である箱 A と，当たりくじを引く確率が $\dfrac{1}{3}$ である箱 B の二つの箱の場合を考える。

(i)　各箱で，くじを1本引いてはもとに戻す試行を3回繰り返したとき

箱 A において，3回中ちょうど1回当たる確率は $\dfrac{\boxed{ア}}{\boxed{イ}}$　………①

箱 B において，3回中ちょうど1回当たる確率は $\dfrac{\boxed{ウ}}{\boxed{エ}}$　………②

である。

(ii)　まず，A と B のどちらか一方の箱をでたらめに選ぶ。次にその選んだ箱において，くじを1本引いてはもとに戻す試行を3回繰り返したところ，3回中ちょうど1回当たった。このとき，箱 A が選ばれる事象を A，箱 B が選ばれる事象を B，3回中ちょうど1回当たる事象を W とすると

$$P(A \cap W) = \frac{1}{2} \times \frac{\boxed{ア}}{\boxed{イ}}, \quad P(B \cap W) = \frac{1}{2} \times \frac{\boxed{ウ}}{\boxed{エ}}$$

である。$P(W) = P(A \cap W) + P(B \cap W)$ であるから，3回中ちょうど1回当たったとき，選んだ箱が A である条件付き確率 $P_W(A)$ は

$\dfrac{\boxed{オカ}}{\boxed{キク}}$ となる。また，条件付き確率 $P_W(B)$ は $\dfrac{\boxed{ケコ}}{\boxed{サシ}}$ となる。

18

(2) (1)の $P_W(A)$ と $P_W(B)$ について，次の**事実**(∗)が成り立つ。

┌─ **事実**(∗) ─────────────────────
　$P_W(A)$ と $P_W(B)$ の ┃ ス ┃ は，①の確率と②の確率の ┃ ス ┃ に
等しい。
└────────────────────────────

┃ ス ┃ の解答群

┃ ス ┃ の解答群

⓪　和　　　①　2乗の和　　　②　3乗の和　　　③　比　　　④　積

(3) 花子さんと太郎さんは**事実**(∗)について話している。

┌ ─ ┐
花子：**事実**(∗)はなぜ成り立つのかな？

太郎：$P_W(A)$ と $P_W(B)$ を求めるのに必要な $P(A \cap W)$ と

　　　$P(B \cap W)$ の計算で，①，②の確率に同じ数 $\dfrac{1}{2}$ をかけている

　　　からだよ。

花子：なるほどね。外見が同じ三つの箱の場合は，同じ数 $\dfrac{1}{3}$ をかけ

　　　ることになるので，同様のことが成り立ちそうだね。
└ ─ ┘

　　当たりくじを引く確率が，$\dfrac{1}{2}$ である箱 A，$\dfrac{1}{3}$ である箱 B，$\dfrac{1}{4}$ である箱
C の三つの箱の場合を考える。まず，A，B，C のうちどれか一つの箱を
でたらめに選ぶ。次にその選んだ箱において，くじを1本引いてはもとに
戻す試行を3回繰り返したところ，3回中ちょうど1回当たった。このとき，

選んだ箱が A である条件付き確率は $\dfrac{セソタ}{チツテ}$ となる。

問題編

2021年（第1日程）

予想問題・第1回

予想問題・第2回

予想問題・第3回

(4)

花子：どうやら箱が三つの場合でも，条件付き確率の　ス　は各箱
　　　で3回中ちょうど1回当たりくじを引く確率の　ス　になっ
　　　ているみたいだね。

太郎：そうだね。それを利用すると，条件付き確率の値は計算しなく
　　　ても，その大きさを比較することができるね。

当たりくじを引く確率が，$\dfrac{1}{2}$ である箱 A，$\dfrac{1}{3}$ である箱 B，$\dfrac{1}{4}$ である箱 C，
$\dfrac{1}{5}$ である箱 D の四つの箱の場合を考える。まず，A，B，C，D のうちど
れか一つの箱をでたらめに選ぶ。次にその選んだ箱において，くじを1本
引いてはもとに戻す試行を3回繰り返したところ，3回中ちょうど1回当
たった。このとき，条件付き確率を用いて，どの箱からくじを引いた可能
性が高いかを考える。可能性が高い方から順に並べると　ト　となる。

　ト　の解答群

⓪ A，B，C，D　　　① A，B，D，C　　　② A，C，B，D

③ A，C，D，B　　　④ A，D，B，C　　　⑤ B，A，C，D

⑥ B，A，D，C　　　⑦ B，C，A，D　　　⑧ B，C，D，A

第4問 （選択問題）（配点 20）

円周上に 15 個の点 P_0, P_1, $\cdots$, P_{14} が反時計回りに順に並んでいる。最初，点 P_0 に石がある。さいころを投げて偶数の目が出たら石を反時計回りに 5 個先の点に移動させ，奇数の目が出たら石を時計回りに 3 個先の点に移動させる。この操作を繰り返す。例えば，石が点 P_5 にあるとき，さいころを投げて 6 の目が出たら石を点 P_{10} に移動させる。次に，5 の目が出たら点 P_{10} にある石を点 P_7 に移動させる。

(1) さいころを 5 回投げて，偶数の目が $\boxed{\text{ア}}$ 回，奇数の目が $\boxed{\text{イ}}$ 回出れば，点 P_0 にある石を点 P_1 に移動させることができる。このとき，$x = \boxed{\text{ア}}$，$y = \boxed{\text{イ}}$ は，不定方程式 $5x - 3y = 1$ の整数解になっている。

(2) 不定方程式

$$5x - 3y = 8 \qquad \cdots\cdots\cdots ①$$

のすべての整数解 x, y は，k を整数として

$$x = \boxed{\text{ア}} \times 8 + \boxed{\text{ウ}} k, \quad y = \boxed{\text{イ}} \times 8 + \boxed{\text{エ}} k$$

と表される。①の整数解 x, y の中で，$0 \le y < \boxed{\text{エ}}$ を満たすものは

$$x = \boxed{\text{オ}}, \quad y = \boxed{\text{カ}}$$

である。したがって，さいころを $\boxed{\text{キ}}$ 回投げて，偶数の目が $\boxed{\text{オ}}$ 回，奇数の目が $\boxed{\text{カ}}$ 回出れば，点 P_0 にある石を点 P_8 に移動させることができる。

(3) (2)において，さいころを $\boxed{\text{キ}}$ 回より少ない回数だけ投げて，点 P_0 にある石を点 P_8 に移動させることはできないだろうか。

（＊） 石を反時計回りまたは時計回りに 15 個先の点に移動させると元の点に戻る。

（＊）に注意すると，偶数の目が $\boxed{\text{ク}}$ 回，奇数の目が $\boxed{\text{ケ}}$ 回出れば，さいころを投げる回数が $\boxed{\text{コ}}$ 回で，点 P_0 にある石を点 P_8 に移動させることができる。このとき，$\boxed{\text{コ}} < \boxed{\text{キ}}$ である。

問題編

2021年（第1日程）

予想問題・第1回

予想問題・第2回

予想問題・第3回

(4) 点 P_1, P_2, …, P_{14} のうちから点を一つ選び，点 P_0 にある石をさいころを何回か投げてその点に移動させる。そのために必要となる，さいころを投げる最小回数を考える。例えば，さいころを 1 回だけ投げて点 P_0 にある石を点 P_2 へ移動させることはできないが，さいころを 2 回投げて偶数の目と奇数の目が 1 回ずつ出れば，点 P_0 にある石を点 P_2 へ移動させることができる。したがって，点 P_2 を選んだ場合には，この最小回数は 2 回である。

　点 P_1, P_2, …, P_{14} のうち，この最小回数が最も大きいのは点 $\boxed{\text{サ}}$ であり，その最小回数は $\boxed{\text{シ}}$ 回である。

$\boxed{\text{サ}}$ の解答群

 ⓪ P_{10} ① P_{11} ② P_{12} ③ P_{13} ④ P_{14}

△ABC において，AB = 3，BC = 4，AC = 5 とする。

∠BAC の二等分線と辺 BC との交点を D とすると

$$BD = \frac{\boxed{ア}}{\boxed{イ}}, \quad AD = \frac{\boxed{ウ}\sqrt{\boxed{エ}}}{\boxed{オ}}$$

である。

また，∠BAC の二等分線と △ABC の外接円 O との交点で点 A とは異なる点を E とする。△AEC に着目すると

$$AE = \boxed{カ}\sqrt{\boxed{キ}}$$

である。

△ABC の 2 辺 AB と AC の両方に接し，外接円 O に内接する円の中心を P とする。円 P の半径を r とする。さらに，円 P と外接円 O との接点を F とし，直線 PF と外接円 O との交点で点 F とは異なる点を G とする。

このとき

$$AP = \sqrt{\boxed{ク}}\,r, \quad PG = \boxed{ケ} - r$$

と表せる。したがって，方べきの定理により $r = \dfrac{\boxed{コ}}{\boxed{サ}}$ である。

△ABC の内心を Q とする。内接円 Q の半径は $\boxed{シ}$ で，$AQ = \sqrt{\boxed{ス}}$ である。また，円 P と辺 AB との接点を H とすると，$AH = \dfrac{\boxed{セ}}{\boxed{ソ}}$ である。

以上から，点 H に関する次の(a)，(b)の正誤の組合せとして正しいものは
$\boxed{\text{タ}}$ である。

(a) 点 H は 3 点 B，D，Q を通る円の周上にある。
(b) 点 H は 3 点 B，E，Q を通る円の周上にある。

$\boxed{\text{タ}}$ の解答群

	⓪	①	②	③
(a)	正	正	誤	誤
(b)	正	誤	正	誤

予想問題
第1回

100点／70分

＊「第1問」「第2問」は必答です。

＊「第3問」「第4問」「第5問」は、いずれか2問を選択して解答してください。

第 1 問 （必答問題） （配点 30）

〔1〕

(1) 不等式 $x^2 - 2 > 0$ を満たす実数 x の範囲は $|x| > \boxed{\text{ア}}$ を満たす実数 x の範囲に等しい。

$\boxed{\text{ア}}$ の解答群

⓪ $-\sqrt{2}$　　① $\sqrt{2}$　　② $\pm\sqrt{2}$　　③ 2

(2) 関数 $g(x) = -3x^2 + 4x - 2$ について

$$g(x) \text{ は最大値 } \frac{\boxed{\text{イウ}}}{\boxed{\text{エ}}} \text{ をとる。}$$

このことから $\boxed{\text{オ}}$ であることが成り立つ。

$\boxed{\text{オ}}$ の解答群

⓪ $g(x) = 0$ を満たす相異なる 2 つの実数 x がある。

① ある実数 x に対して $g(x) > 0$

② すべての実数 x に対して $g(x) > 0$

③ すべての実数 x に対して $g(x) < 0$

(3) a を正の実数とする。x の 2 次方程式

$$ax^2 - 2a^2x + a^2 - 2 = 0 \quad \cdots\cdots\text{①}$$

について，太郎さんと花子さんが考察している。

太郎：解の公式を使うこともできるけど，$y = ax^2 - 2a^2x + a^2 - 2$ のグラフと x 軸との交点をみれば，どのような解をもつかがわかるよ。

花子：$x = 2$ のときの y の値を求めると，どのような解をもつかがわかるね。

---

①の方程式は $\boxed{\text{カ}}$。

$\boxed{\text{カ}}$ の解答群

⓪ 2 より大きい相異なる 2 つの解をもつ

① 2 より小さい相異なる 2 つの解をもつ

② 2 より小さい解と 2 より大きい解を 1 つずつもつ

③ 実数の解をもたない

また，$a > \sqrt{\boxed{\text{ア}}}$ ならば，①の方程式は $\boxed{\text{キ}}$。

$\boxed{\text{キ}}$ の解答群

⓪ 相異なる 2 つの正の解をもつ

① 相異なる 2 つの負の解をもつ

② 正の解と負の解を 1 つずつもつ

③ 実数の解をもたない

〔2〕 円に内接する六角形 ABCDEF の面積を求める。

(1) 1辺の長さが2の正六角形 ABCDEF の外接円の半径は $\boxed{\text{ク}}$ である。

この正六角形の面積は $\boxed{\text{ケ}}\sqrt{\boxed{\text{コ}}}$ である。

(2) 1辺の長さが2の正六角形 ABCDEF の六つの辺のうち三つの辺の長さを3とすることを考える。

円に内接する六角形 ABCDEF において

$$AB = BC = CD = 3, \quad DE = EF = FA = 2$$

とし，面積を S とする。

(i) この六角形に外接する円の中心を O とし，中心角と円周角の関係に着目すると

$$\angle COE \quad \boxed{\text{サ}} \quad \angle CDE$$

である。

ただし，$\angle COE$ と $\angle CDE$ は $0°$ より大きく $180°$ より小さい角度とする。

$\boxed{\text{サ}}$ の解答群

⓪ <	① =	② >

(ii) 線分 CE，OC の長さをそれぞれ求めると

$$CE = \sqrt{\boxed{\text{シス}}}$$

$$OC = \frac{\sqrt{\boxed{\text{セソ}}}}{\boxed{\text{タ}}}$$

である。

(iii) △CDE の面積は $\dfrac{\boxed{\text{チ}}\sqrt{\boxed{\text{ツ}}}}{\boxed{\text{テ}}}$ である。

また，△OCE の面積は $\dfrac{\boxed{\text{トナ}}\sqrt{\boxed{\text{ニ}}}}{\boxed{\text{ヌネ}}}$ である。

(iv) S は次の構想で求めることができる。

構　想

六角形 ABCDEF をいくつかの図形に分割して面積の和を考える。

S を求めると

$$S = \dfrac{\boxed{\text{ノハ}}\sqrt{\boxed{\text{ヒ}}}}{\boxed{\text{フ}}}$$

である。

(3) 円に内接する六角形 ABCDEF について，(2)で辺の長さの順をかえて

AB = CD = EF = 3,　BC = DE = FA = 2

とし，面積を T とする。

このとき

$S\ \boxed{\text{ヘ}}\ T$

である。

$\boxed{\text{ヘ}}$ の解答群

⓪ $<$	① $=$	② $>$

〔1〕　太郎さんが観光で訪れた島ではサイクリングを楽しむ
ことができる。

　　環状道路に沿って，レンタサイクル（自転車を借りる）
ができる地点が順に A，B，C，D とある。

　　申し込めば朝から好きな地点で自転車を借りることができ，18 時まで
にどの地点で返却してもよいことになっている。

　　そして，18 時以降に 4 つの地点 A，B，C，D にある自転車が同じ台
数になるように隣接する区間で自転車を移動する。

　　サイクリングで観光を楽しんだ太郎さんが自転車を返却したとき，ち
ょうど 18 時であった。話をきくと，レンタサイクルの自転車は全部で
80 台あり，この時点で A 地点には 19 台，B 地点には 23 台，C 地点に
は 27 台，D 地点には 11 台あるのだという。

　　これから自転車を隣接する地点に移動して 4 つの地点の自転車の台数
をすべて 20 台にする。そこで，別の地点に移動する自転車の台数を輸
送量と呼ぶことにして，それが最小になる場合を考えてみた。

　　まず区間ごとに移動する自転車の台数を次のように表すことにした。

区間ごとに移動する台数は

地点 A から地点 B へ a 台

地点 B から地点 C へ b 台

地点 C から地点 D へ c 台

地点 D から地点 A へ d 台

とする。

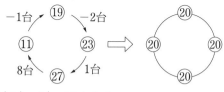

　ただし，a, b, c, d が負の整数の場合は逆の移動とする。たとえば，$a = -2$ については地点 A から地点 B へ -2 台移動するとし，地点 B から地点 A へ 2 台移動したとする。

　$(a, b, c, d) = (-2, 1, 8, -1)$ とすると

右図のようになり，

4 つの地点の自転車

の台数をすべて 20 台

にできて

輸送量は $|-2|+|1|+|8|+|-1| = 12$ となる。

⑴ $(a, b, c, d) = \left(-4, \boxed{アイ}, \boxed{ウ}, \boxed{エオ}\right)$ とすると，4 つの地点の自転車の台数をすべて 20 台にできて輸送量は $\boxed{カキ}$ である。

⑵ $(a, b, c, d) = (-2, 1, 8, -1)$ のそれぞれの値に整数 x を加えて

$$(a, b, c, d) = (x-2, x+1, x+8, x-1)$$

としても，4 つの地点の自転車の台数はすべて 20 台になる。

　このことから輸送量は

$$f(x) = |x-2|+|x+1|+|x+8|+|x-1| \quad (x \text{ は整数})$$

と表すことができる。

$y=f(x)$ のグラフの概形は, x を実数として

$x \leqq -8$ のとき $\boxed{\text{ク}}$ である。

$-8 \leqq x \leqq -1$ のとき $\boxed{\text{ケ}}$ である。

$-1 \leqq x \leqq 1$ のとき $\boxed{\text{コ}}$ である。

$1 \leqq x \leqq 2$ のとき $\boxed{\text{サ}}$ である。

$2 \leqq x$ のとき $\boxed{\text{シ}}$ である。

輸送量 $f(x)$ の最小値は $\boxed{\text{スセ}}$ であり, そのとき組 (a, b, c, d) は $\boxed{\text{ソ}}$ 組ある。

$\boxed{\text{ク}}$, $\boxed{\text{ケ}}$, $\boxed{\text{コ}}$, $\boxed{\text{サ}}$, $\boxed{\text{シ}}$ の解答群
（同じものを繰り返し選んでもよい。）

⓪ 傾きが正の直線	① 傾きが負の直線
② 傾きが 0 の直線	③ 傾きをもたない直線

(3) 輸送量 (a, b, c, d) は 4 つの地点の自転車の台数がすべて 20 台になるような組として

$$g(x) = |x+a| + |x+b| + |x+c| + |x+d| \quad (x \text{ は整数})$$

と表せる。

$a < d < 0 < b < c$ のとき, 輸送量 $g(x)$ の最小値を a, b, c, d を用いて表すと $\boxed{\text{タ}}$ である。

$\boxed{\text{タ}}$ の解答群

⓪ $-a-b+c-d$	① $-a-b+c+d$
② $-a+b+c-d$	③ $-a+b+c+d$
④ $-3a+b+c+d$	⑤ $-a-b+3c-d$

〔2〕 大相撲で活躍する力士の身長，体重について調べてみる。

(1) 図は上から順に令和3 (2021)年，平成20 (2008)年，平成7 (1995)年の1月に開催された大相撲初場所について，番付が上位であった70人の力士の身長（横軸）と体重（縦軸）を表す散布図である。なお，目盛りが縦軸と横軸で異なっている。

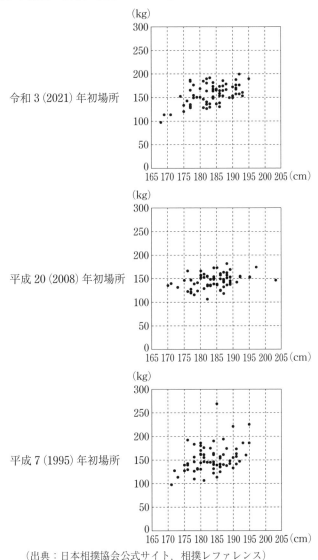

（出典：日本相撲協会公式サイト，相撲レファレンス）

(i) 次の3つの図は33ページの散布図，令和3 (2021) 年，平成20 (2008) 年，平成7 (1995) 年のいずれかの**身長**を表す箱ひげ図である。

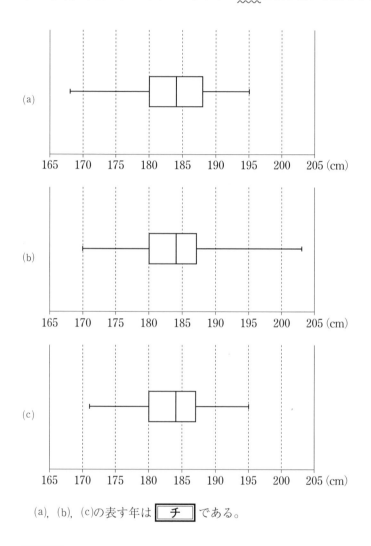

(a), (b), (c)の表す年は　**チ**　である。

チ　の解答群

	⓪	①	②	③	④	⑤
(a)	令和3年	令和3年	平成7年	平成7年	平成20年	平成20年
(b)	平成20年	平成7年	令和3年	平成20年	令和3年	平成7年
(c)	平成7年	平成20年	平成20年	令和3年	平成7年	令和3年

(ⅱ) 次の3つの図は33ページの散布図，令和3 (2021) 年，平成20 (2008) 年，平成7 (1995) 年のいずれかの<u>体重</u>を表す箱ひげ図である。

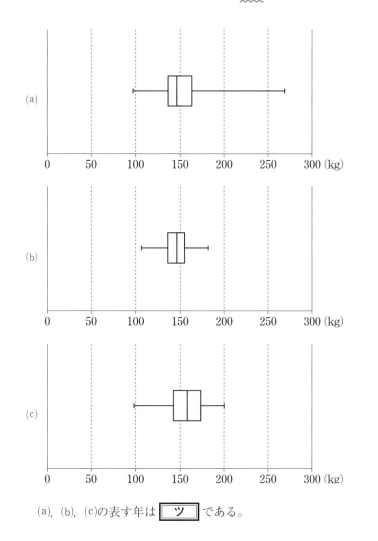

(a), (b), (c)の表す年は ツ である。

ツ の解答群

	⓪	①	②	③	④	⑤
(a)	令和3年	令和3年	平成7年	平成7年	平成20年	平成20年
(b)	平成20年	平成7年	令和3年	平成20年	令和3年	平成7年
(c)	平成7年	平成20年	平成20年	令和3年	平成7年	令和3年

(2) 次の⓪～⑤のうち，33 ページの 3 つの散布図および(1)の箱ひげ図から正しく読み取れるものは $\boxed{テ}$ と $\boxed{ト}$ である。

$\boxed{テ}$，$\boxed{ト}$ の解答群

⓪　どの力士も身長は 173 cm 以上，体重は 75 kg 以上ある。

①　身長が 200 cm 以上かつ体重が 200 kg 以上の力士が存在する。

②　身長が 170 cm 未満かつ体重が 100 kg 未満の力士が存在する。

③　身長の範囲は 3 つとも 30 cm 未満である。

④　体重の範囲は 3 つとも 150 kg 未満である。

⑤　身長の四分位範囲は 3 つともほぼ同じである。

(3) 3 つのうち，体重の分散が最も大きいのは $\boxed{ナ}$ である。

$\boxed{ナ}$ の解答群

⓪　令和 3 年　　　　①　平成 20 年　　　　②　平成 7 年

(4) 身長と体重の関係に BMI（Body Mass Index）という国際的な指標が用いられている。

計算方法は次のようになる。

---BMIの計算方法---

身長 h m，体重 w kg ならば BMI は

$\dfrac{w}{h^2}$ (kg/m²)

身長 180 cm，体重 162 kg ならば BMI は $\boxed{\text{ニヌ}}$ である。

令和 3 年初場所で番付が上位 70 人の力士の BMI を算出し，ヒストグラムを作成した。なお，ヒストグラムの各階級の区間は，左側の数値を含み，右側の数値を含まない。

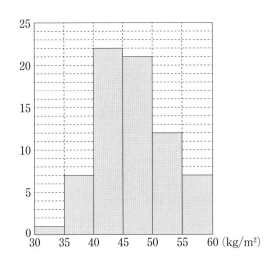

次の⓪～④のうち，ヒストグラムから<u>正しく読み取れない</u>ものは $\boxed{\text{ネ}}$ である。

$\boxed{\text{ネ}}$ の解答群

⓪　最小値は 30 以上 35 未満の階級にある。

①　範囲は 30 未満である。

②　最頻値の階級値は 42.5 である。

③　中央値は 40 以上 45 未満の階級にある。

④　第 3 四分位数は 50 以上 55 未満の階級にある。

第3問 （選択問題）（配点 20）

太郎さんはAさん，Bさん，Cさんの3人とよくSNS上でメッセージのやりとりをする。

SNSとはSocial Networking Service（ソーシャル・ネットワーキング・サービス）のことで，インターネット上で社会的なつながりを提供するサービスの総称のことである。

メッセージが届きそれぞれの人が既読する（メッセージをチェックして読む）確率とそれに対して返信する確率はメッセージの内容に関係なくそれぞれ次のようになるとする。

ただし，既読は「する」か「しない」のいずれか，返信は「する」か「しない」のいずれかしかないものとし，メッセージを送信すると必ず送信先に届くものとする。

	既読する確率	既読して返信する確率
Aさん	75 %	80 %
Bさん	50 %	80 %
Cさん	25 %	60 %

(1)

　(i)　太郎さんがAさんにメッセージを送るとき，Aさんが既読しない確率は $\boxed{アイ}$ %である。

　(ii)　太郎さんがAさんにメッセージを送るとき，Aさんが既読したのに返信しない確率は $\boxed{ウエ}$ %である。

　(iii)　(i), (ii)より太郎さんがAさんにメッセージを送るとき，Aさんから返信がこない確率は $\boxed{オカ}$ %である。

　　また，太郎さんがAさんにメッセージを送ってAさんから返信がこないとするとき，Aさんが既読したのに返信しない確率は $\boxed{キク}$. $\boxed{ケ}$ %である。

(iv) ここで，既読して返信しないことを「既読スルー」と呼ぶことにする。

たとえば，太郎さんが A さんにメッセージを送るとき，A さんが既読スルーをする確率は ウエ ％である。

太郎さんが A さん，B さん，C さんの 3 人に同時にメッセージを送って，だれからも返信がこないとするとき，3 人のうちで既読スルーをしている確率が最も高いのは コ である。

コ の解答群

⓪ A さん	① B さん	② C さん

(2) 太郎さんが A さんに複数回メッセージを送ったときの確率について，次の⓪〜③のうちから正しいことを述べているものを 1 つ選ぶと サ である。

サ の解答群

⓪ 太郎さんが A さんにメッセージを 2 回送って，返信が 1 回もこない確率は 20 ％以上である。

① 太郎さんが A さんにメッセージを 3 回送って，返信が 1 回もこない確率は 10 ％以上である。

② 太郎さんが A さんにメッセージを 2 回送って，A さんが少なくとも 1 回返信する確率は 85 ％以上である。

③ 太郎さんが A さんにメッセージを 3 回送って，A さんが少なくとも 1 回返信する確率は 90 ％以上である。

(3) 太郎さんがAさんとBさんとCさんの3人に同時にメッセージを送ったとき、3人すべてから返信がくる確率は $\boxed{シ}$. $\boxed{ス}$ %である。

(4) 太郎さんがAさんとBさんとCさんの3人に同時にメッセージを送ったとき、1人だけが返信をする確率は $\boxed{セソ}$. $\boxed{タ}$ %である。

太郎さんがAさんとBさんとCさんの3人に同時にメッセージを送って1人だけから返信がくるとするとき、それがAさんからの返信である確率は約 $\boxed{チ}$ %である。

$\boxed{チ}$ の解答群

⓪ 40	① 46	② 52	③ 58	④ 64	⑤ 70

第 4 問 （選択問題）（配点 20）

2つの整数 a, b の最大公約数が 1，つまり素因数分解したときに共通の素因数をもたないとき，「a と b は互いに素である」という。

(1) 3つの等式

$$24337 = 158 \times 154 + 5$$
$$97348 = 313 \times 311 + 5$$
$$97348 = 4 \times 24337$$

は成り立つ。

次の(I)，(II)，(III)は2つの整数が互いに素であるかの記述である。

(I)   158 と 24337 は互いに素である。

(II)   313 と 97348 は互いに素である。

(III)   313 と 24337 は互いに素である。

(I)，(II)，(III)の正誤の組合せとして正しいものは ア である。

ア の解答群

	⓪	①	②	③	④	⑤	⑥	⑦
(I)	正	正	正	正	誤	誤	誤	誤
(II)	正	正	誤	誤	正	正	誤	誤
(III)	正	誤	正	誤	正	誤	正	誤

(2) 次の問題を考える。

問題1　n を自然数とする。

2つの整数 $n+2$ と n^2+1 が互いに素になる条件 p を求めよ。

$$n^2+1=(n+2)\left(n-\boxed{\text{イ}}\right)+\boxed{\text{ウ}}$$

と変形できることから

$n+2$ と n^2+1 の公約数で正のものは $\boxed{\text{エ}}$ と $\boxed{\text{オ}}$ に限られることがわかる。

ただし，$\boxed{\text{エ}}<\boxed{\text{オ}}$ とする。

このことから，$n+2$ と n^2+1 の公約数が $\boxed{\text{オ}}$ でないならば，$n+2$ と n^2+1 は互いに素となる。

$n+2$ と n^2+1 がともに $\boxed{\text{オ}}$ を約数にもつとすると

n は $\boxed{\text{カ}}$ で割ると余りが $\boxed{\text{キ}}$ である自然数

である。

よって，条件 p は

n は $\boxed{\text{カ}}$ で割ると余りが $\boxed{\text{キ}}$ ではない自然数

である。

42

(3) さらに，次の問題を考える。

問題2 n を自然数とする。

　　2つの整数 $2n+1$ と n^2+1 が互いに素になる条件 q を求めよ。

$$\boxed{\text{ク}}\,(n^2+1) = (2n+1)\left(2n - \boxed{\text{ケ}}\right) + \boxed{\text{コ}}$$

と変形できることから

　　$2n+1$ と n^2+1 の公約数で正のものは $\boxed{\text{サ}}$ と $\boxed{\text{シ}}$ に限られることがわかる。

　　ただし，$\boxed{\text{サ}} < \boxed{\text{シ}}$ とする。

　　ここで，m を正の整数として

$$2n+1 = \boxed{\text{シ}}\,m$$

を満たす n を求めると，n は $\boxed{\text{ス}}$ で割ると余りが $\boxed{\text{セ}}$ であることがわかり，n^2+1 は $\boxed{\text{ス}}$ で割ると余りが $\boxed{\text{ソ}}$ となることがわかる。

　　よって，条件 q は

　　　　n は $\boxed{\text{タ}}$ で割ると余りが $\boxed{\text{チ}}$ ではない自然数

である。

(4) 2つの条件 p，q をともに満たす 999 以下の自然数 n は全部で $\boxed{\text{ツテト}}$ 個ある。

第5問 (選択問題)(配点 20)

(1) CA＜BC＜AB である直角三角形 ABC がある。

線分 BA, BC の中点をそれぞれ M, N とし, 線分 AN, CM の交点を P とする。

このとき, 線分の比

$$\frac{\mathrm{PM}}{\mathrm{CP}} = \frac{\boxed{\text{ア}}}{\boxed{\text{イ}}}$$

が成り立つ。

また, △ABC の重心は $\boxed{\text{ウ}}$, 外心は $\boxed{\text{エ}}$, 垂心は $\boxed{\text{オ}}$ であり, 内心は $\boxed{\text{カ}}$ にある。

$\boxed{\text{ウ}}$, $\boxed{\text{エ}}$, $\boxed{\text{オ}}$ の解答群

⓪ 点 A	① 点 B	② 点 C
③ 点 P	④ 点 M	⑤ 点 N

(2) AB＞AC となる鋭角三角形 ABC がある。

この △ABC の外心を O, 垂心を H とする。

△ABC の外接円上に線分 BD が外接円の直径となるように点 D をとり, 点 O から線分 BC へ垂線 OE を下ろす。

このとき, 線分の比について

$$\frac{\mathrm{BE}}{\mathrm{BC}} = \frac{\boxed{\text{キ}}}{\boxed{\text{ク}}}, \quad \frac{\mathrm{OE}}{\mathrm{CD}} = \frac{\boxed{\text{ケ}}}{\boxed{\text{コ}}} \quad \text{である。}$$

$\boxed{\text{カ}}$ の解答群

⓪ △PAB の内部	① △PBC の内部	② △PCA の内部

44

また

$$AB \perp \boxed{サ} \text{ かつ } AB \perp \boxed{シ} \text{ より } \boxed{サ} \, / \! / \, \boxed{シ}$$

$$BC \perp \boxed{ス} \text{ かつ } BC \perp \boxed{セ} \text{ より } \boxed{ス} \, / \! / \, \boxed{セ}$$

2組の対辺が平行であるから平行四辺形がつくられることもわかるので,
線分の比

$$\frac{OE}{AH} = \frac{\boxed{ソ}}{\boxed{タ}}$$

である。

直線 OH と直線 AE の交点を Q とすると,線分の比

$$\frac{QE}{AQ} = \frac{\boxed{チ}}{\boxed{ツ}}$$

である。

よって,点 Q は $\boxed{テ}$ であり,線分の比

$$\frac{OQ}{OH} = \frac{\boxed{ト}}{\boxed{ナ}} \text{ が成り立つ。}$$

$\boxed{サ}$, $\boxed{シ}$, $\boxed{ス}$, $\boxed{セ}$ については,最も適当なものを,次の⓪〜⑨のうちから一つ選べ。ただし,$\boxed{サ}$ と $\boxed{シ}$,$\boxed{ス}$ と $\boxed{セ}$ については順序は問わない。

⓪ OA	① OB	② OC	③ OH	④ AD
⑤ AH	⑥ BH	⑦ CD	⑧ CH	⑨ DE

$\boxed{テ}$ の解答群

⓪ △OAC の内心	① △OAC の重心
② △ABC の内心	③ △ABC の重心

予想問題
第2回

100点／70分

*「第1問」「第2問」は必答です。
*「第3問」「第4問」「第5問」は、いずれか2問を選択して解答してください。

第 1 問（**必答問題**）（配点 30）

〔１〕 a を正の実数とする。

2 つの x に関する不等式

$$2x^2 - (4a-3)x - 6a \leqq 0 \quad \cdots\cdots ①$$

$$2x^2 - (4a-3)|x| - 6a \leqq 0 \quad \cdots\cdots ②$$

がある。

①，②のそれぞれで不等式を満たす整数 x の個数について考える。

(1) ・$a = 1$ のとき

①を満たす x の範囲は $-\dfrac{\boxed{\text{ア}}}{\boxed{\text{イ}}} \leqq x \leqq \boxed{\text{ウ}}$ であるから，

①を満たす整数 x の個数は $\boxed{\text{エ}}$ 個である。

・$a = \sqrt{14}$ のとき

①を満たす x の範囲は $-\dfrac{\boxed{\text{ア}}}{\boxed{\text{イ}}} \leqq x \leqq \boxed{\text{オ}}\sqrt{\boxed{\text{カキ}}}$

であるから，

①を満たす整数 x の個数は $\boxed{\text{ク}}$ 個である。

(2) ①，②の不等式について，太郎さんと花子さんが考察している。

太郎：②の不等式は①の x に絶対値がついただけだね。
花子：絶対値の性質を考えると②も①と同じように考えることが
　　　できるね。

(i) 次の⓪〜⑤のうち，実数 x に関して正しく成り立つものは ケ
と コ と サ である。

ケ , コ , サ の解答群

⓪ $x^2 = |x|^2$ 　　　① $x^2 = \pm|x|$ 　　　② $|x| \geqq 0$

③ $|x| \leqq 0$ 　　　④ $|x| = \pm x$ 　　　⑤ $|\pm x| = |x|$

(ii) $a = \sqrt{14}$ のとき
　　　②を満たす整数 x の個数は シス 個である。

(3) ②を満たす整数 x の個数がちょうど9個となる a の値の範囲は

$$\boxed{セ} \leqq a < \frac{\boxed{ソ}}{\boxed{タ}}$$

である。

問題編

2021年（第1日程）

予想問題・第1回

予想問題・第2回

予想問題・第3回

〔2〕 AB = 3，AD = 4，∠ABC = θ（0° < θ < 180°）となる平行四辺形 ABCD がある。

(1) 平行四辺形 ABCD の面積を θ を用いて表すと $\boxed{\text{チ}}$ である。

$\boxed{\text{チ}}$ の解答群

⓪ $12\sin\theta$　　　　　　　① $12\cos\theta$

② $12(\sin\theta + \cos\theta)$　　　③ $4(3\sin\theta + 4\cos\theta)$

(2) θ = 90° のとき，平行四辺形 ABCD は長方形になるから対角線の長さは等しく AC = BD である。

θ ≠ 90° となる θ について
- 0° < θ < 90° のとき，AC $\boxed{\text{ツ}}$ BD である。
- 90° < θ < 180° のとき，AC $\boxed{\text{テ}}$ BD である。

$\boxed{\text{ツ}}$，$\boxed{\text{テ}}$ の解答群（同じものを繰り返し選んでもよい。）

⓪ <　　　　　① =　　　　　② >

(3) $\theta = 90°$ のとき，$AC = BD = 5$ であるから $AC^2 + BD^2 = 50$ である。

$\theta \neq 90°$ となる θ について，$\triangle ABC$，$\triangle BCD$ に余弦定理を用いること
を考えると
- $0° < \theta < 90°$ のとき，$AC^2 + BD^2$ 　ト　 50 である。
- $90° < \theta < 180°$ のとき，$AC^2 + BD^2$ 　ナ　 50 である。

　ト　，　ナ　 の解答群（同じものを繰り返し選んでもよい。）

⓪ $<$	① $=$	② $>$

(4) 一般に，2 つの正の実数 x, y について
$$x < y \quad \text{かつ} \quad x^2 + y^2 = 50$$
であるならば
$$x < \boxed{\text{ニ}} < y$$
が成り立つ。

(5) 対角線 AC，BD の交点を O とする。点 O を中心とする直径 5 の円
と，平行四辺形 ABCD の周（4 つの辺および 4 つの頂点）との共有
点の個数は
- $\theta = 90°$ のとき，　ヌ　 個である。
- $0° < \theta < 90°$ のとき，　ネ　 個である。
- $90° < \theta < 180°$ のとき，　ノ　 個である。

第2問 （必答問題）（配点 30）

〔1〕 太郎さんと花子さんは東京を観光している。

(1) 「とうきょうスカイツリー駅」の改札を出たら目の前に大きな塔の胴体が見えて，見上げる2人。

> 太郎：スカイツリーだ！　でっかいね。どのくらい見上げれば先端が見えるのかな。
> 花子：スカイツリーは地上から先端まで634メートルだから仰角を求めてみようか。

　花子さんはスマートフォンで地図を検索して調べてみた。

（出典：Google マップ）

　調べると2人がいる地点から東京スカイツリーへの距離が200メートルだとわかった。

― 花子さんの構想 ―

　スカイツリーの先端を P，点 P から地面に垂線 PH を下ろすと，
PH ＝ 634 である。2 人がいる地点を A とすると，AH ＝ 200 で
ある。

　△PAH は直角三角形であることに着目して，56 ページの三角
比の表を用いて ∠PAH を求める。

$$\boxed{\text{ア}} = \frac{\text{PH}}{\text{AH}}$$ であることから，仰角 ∠PAH は約 $\boxed{\text{イ}}$° である

ことがわかる。

$\boxed{\text{ア}}$ の解答群

⓪　$\sin(\angle\text{PAH})$　　　①　$\cos(\angle\text{PAH})$　　　②　$\tan(\angle\text{PAH})$

$\boxed{\text{イ}}$ の解答群

⓪	47.5	①	52.5	②	57.5	③	62.5	④	67.5
⑤	72.5	⑥	77.5	⑦	82.5	⑧	87.5	⑨	92.5

(2) 仰角∠PAH を調べてから 20 メートルほど歩いたときの会話である。

太郎：20 メートルくらい歩いたけど仰角はどのくらい変わるかな。
花子：歩く方向によっていろいろな角度になるね。

地点 A から 20 メートル離れた地点を B として AB＝20 である。
仰角∠PBH について考えてみる。

次の⓪〜⑤のうち，2 つの仰角∠PAH と∠PBH について正しく述べたものは ウ と エ である。

ウ ， エ の解答群

⓪ 線分 AH（端点除く）の上に点 B があるとき，つねに
∠PAH＞∠PBH である。

① 線分 AH（端点除く）の上に点 B があるとき，つねに
∠PAH＜∠PBH である。

② 線分 AH（端点含む）の上に点 B がないとき，つねに
∠PAH＞∠PBH である。

③ 線分 AH（端点含む）の上に点 B がないとき，つねに
∠PAH＜∠PBH である。

④ 点 H が中心，半径が 200 の円周の上に点 B があるとき，つねに∠PAH＝∠PBH である。

⑤ 点 H が中心，半径が 200 の円の点 A における接線上に点 B があるとき，つねに∠PAH＝∠PBH である。

∠PAH＝∠PBH のとき，56 ページの三角比の表を用いて ∠AHB は約 [オ]°であることがわかる。

[オ] の解答群

⓪ 1.7   ① 3.7   ② 5.7   ③ 7.7

④ 9.7   ⑤ 11.7   ⑥ 13.7   ⑦ 15.7

問題編

2021年（第1日程）

予想問題・第1回

予想問題・第2回

予想問題・第3回

三角比の表

θ	$\sin\theta$	$\cos\theta$	$\tan\theta$	θ	$\sin\theta$	$\cos\theta$	$\tan\theta$
0°	0.0000	1.0000	0.0000	45°	0.7071	0.7071	1.0000
1°	0.0175	0.9998	0.0175	46°	0.7193	0.6947	1.0355
2°	0.0349	0.9994	0.0349	47°	0.7314	0.6820	1.0724
3°	0.0523	0.9986	0.0524	48°	0.7431	0.6691	1.1106
4°	0.0698	0.9976	0.0699	49°	0.7547	0.6561	1.1504
5°	0.0872	0.9962	0.0875	50°	0.7660	0.6428	1.1918
6°	0.1045	0.9945	0.1051	51°	0.7771	0.6293	1.2349
7°	0.1219	0.9925	0.1228	52°	0.7880	0.6157	1.2799
8°	0.1392	0.9903	0.1405	53°	0.7986	0.6018	1.3270
9°	0.1564	0.9877	0.1584	54°	0.8090	0.5878	1.3764
10°	0.1736	0.9848	0.1763	55°	0.8192	0.5736	1.4281
11°	0.1908	0.9816	0.1944	56°	0.8290	0.5592	1.4826
12°	0.2079	0.9781	0.2126	57°	0.8387	0.5446	1.5399
13°	0.2250	0.9744	0.2309	58°	0.8480	0.5299	1.6003
14°	0.2419	0.9703	0.2493	59°	0.8572	0.5150	1.6643
15°	0.2588	0.9659	0.2679	60°	0.8660	0.5000	1.7321
16°	0.2756	0.9613	0.2867	61°	0.8746	0.4848	1.8040
17°	0.2924	0.9563	0.3057	62°	0.8829	0.4695	1.8807
18°	0.3090	0.9511	0.3249	63°	0.8910	0.4540	1.9626
19°	0.3256	0.9455	0.3443	64°	0.8988	0.4384	2.0503
20°	0.3420	0.9397	0.3640	65°	0.9063	0.4226	2.1445
21°	0.3584	0.9336	0.3839	66°	0.9135	0.4067	2.2460
22°	0.3746	0.9272	0.4040	67°	0.9205	0.3907	2.3559
23°	0.3907	0.9205	0.4245	68°	0.9272	0.3746	2.4751
24°	0.4067	0.9135	0.4452	69°	0.9336	0.3584	2.6051
25°	0.4226	0.9063	0.4663	70°	0.9397	0.3420	2.7475
26°	0.4384	0.8988	0.4877	71°	0.9455	0.3256	2.9042
27°	0.4540	0.8910	0.5095	72°	0.9511	0.3090	3.0777
28°	0.4695	0.8829	0.5317	73°	0.9563	0.2924	3.2709
29°	0.4848	0.8746	0.5543	74°	0.9613	0.2756	3.4874
30°	0.5000	0.8660	0.5774	75°	0.9659	0.2588	3.7321
31°	0.5150	0.8572	0.6009	76°	0.9703	0.2419	4.0108
32°	0.5299	0.8480	0.6249	77°	0.9744	0.2250	4.3315
33°	0.5446	0.8387	0.6494	78°	0.9781	0.2079	4.7046
34°	0.5592	0.8290	0.6745	79°	0.9816	0.1908	5.1446
35°	0.5736	0.8192	0.7002	80°	0.9848	0.1736	5.6713
36°	0.5878	0.8090	0.7265	81°	0.9877	0.1564	6.3138
37°	0.6018	0.7986	0.7536	82°	0.9903	0.1392	7.1154
38°	0.6157	0.7880	0.7813	83°	0.9925	0.1219	8.1443
39°	0.6293	0.7771	0.8098	84°	0.9945	0.1045	9.5144
40°	0.6428	0.7660	0.8391	85°	0.9962	0.0872	11.4301
41°	0.6561	0.7547	0.8693	86°	0.9976	0.0698	14.3007
42°	0.6691	0.7431	0.9004	87°	0.9986	0.0523	19.0811
43°	0.6820	0.7314	0.9325	88°	0.9994	0.0349	28.6363
44°	0.6947	0.7193	0.9657	89°	0.9998	0.0175	57.2900
45°	0.7071	0.7071	1.0000	90°	1.0000	0.0000	———

〔2〕 日本国内における入国者数と宿泊者数の 2018 年 1 月から 2020 年 12 月までの 36 か月の月次の統計データについて，次の問いに答えよ。

　　ここで，入国者数とは日本へ入国した正規入国者数（帰国者も含む）とし，宿泊者数とはホテル，旅館，簡易宿泊所への宿泊者数とする。

(1)　入国者数（横軸），宿泊者数（縦軸）の散布図を作成すると次のようになった。

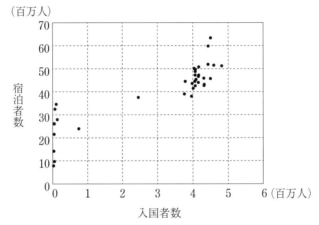

（出典：総務省の Web ページにより作成）

　　次の⓪〜⑤のうち，散布図から正しく読み取れるものは　カ　と　キ　である。

　カ　，　キ　の解答群

⓪　入国者数と宿泊者数が等しくなる月がある。
①　入国者が多くなると宿泊者も多くなり，入国者が少なくなると宿泊者も少なくなる傾向がある。
②　入国者数の四分位範囲は 3 百万人より多い。
③　宿泊者数の四分位範囲は 5 百万人より多い。
④　入国者数が最も多い月は宿泊者数が最も多い。
⑤　入国者数が最も少ない月は宿泊者数が最も少ない。

(2) 次の 3 つの図は 2018 年，2019 年，2020 年の月次の入国者数の箱ひげ図である。

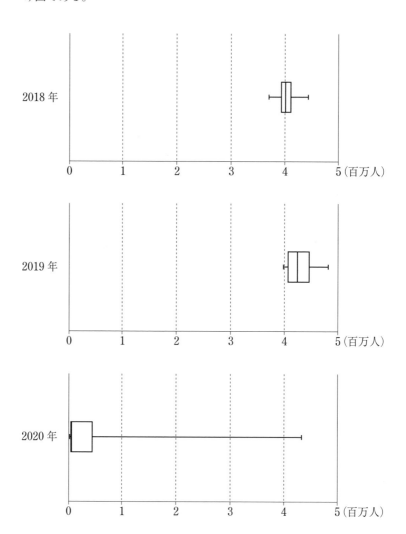

次の⓪～⑤のうち，箱ひげ図から**正しく読み取れないもの**は ク と ケ である。

ク ， ケ の解答群

⓪ 2019 年の中央値は 2018 年の中央値よりも大きい。

① 2019 年の最大値は 2018 年のどの月の値よりも大きい。

② 2019 年の第 1 四分位数は 2018 年の第 3 四分位数よりも大きい。

③ 2020 年の最大値は 2018 年の最大値よりも小さい。

④ 2020 年の範囲は 2018 年と 2019 年の範囲の和よりも大きい。

⑤ 2020 年の四分位範囲は 2018 年の四分位範囲よりも小さい。

問題編

2021年（第1日程）

予想問題・第1回

予想問題・第2回

予想問題・第3回

(3) 次の⓪〜②は 2018 年，2019 年，2020 年の月次の宿泊者数のいずれか
の箱ひげ図である。このうち，2020 年の箱ひげ図は コ である。

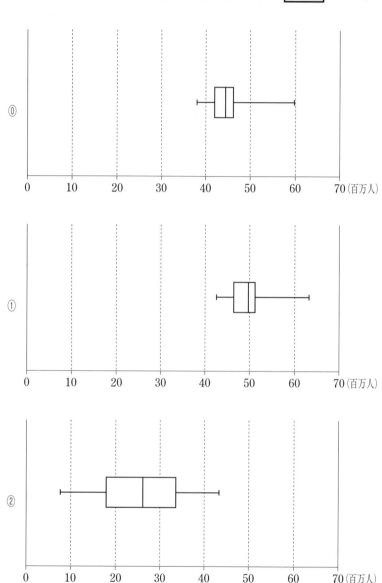

(1)の散布図で，2020年1月〜12月までの12個の点を除いた場合の散布図について，入国者数と宿泊者数には <u>サ</u> 。

<u>サ</u> の解答群

⓪ やや正の相関がみられる   ① やや負の相関がみられる
② 相関はとくにみられない

(4) 2018年から2020年のうち月次で最も宿泊者が多かった2019年8月の47の都道府県別で，宿泊者のヒストグラムを作成すると次のようになった。

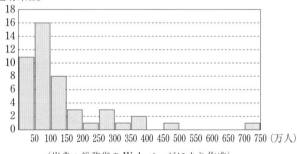

（出典：総務省のWebページにより作成）

次の⓪〜⑤のうち，ヒストグラムから正しく読み取れるものは <u>シ</u> と <u>ス</u> である。

<u>シ</u> , <u>ス</u> の解答群

⓪ 第1四分位数と中央値は同じ階級にある。
① 第2四分位数と第3四分位数は同じ階級にある。
② 宿泊者数は都道府県の人口に比例している。
③ 観光地が多くある都道府県の宿泊者数は多い。
④ 最頻値の階級値は125万人である。
⑤ 宿泊者数を箱ひげ図で表すと箱の幅よりもひげの幅のほうが
　 広くなる。

第3問 （選択問題）（配点　20）

　　太郎さんと花子さんが2人で行なうじゃんけんを1回行なうことについて考察している。

　　ただし，あいこになる場合も1回行なうとする。

┌─ **2人で行なうじゃんけんのルール** ─────────────────
│
│ ・1回のじゃんけんで1人が出す手は「グー」「チョキ」「パー」のい
│ 　ずれかとする。
│ ・同じ手は「あいこ」とする。
│ ・「グー」は「チョキ」に勝ち「パー」に負ける。
│ ・「チョキ」は「パー」に勝ち「グー」に負ける。
│ ・「パー」は「グー」に勝ち「チョキ」に負ける。
│ ・1回のじゃんけんで1人が「グー」「チョキ」「パー」を出すのは同
│ 　様に確からしいとし，それらを出す確率はそれぞれ $\dfrac{1}{3}$ とする。
│
└──

(1)　［2人で行なうじゃんけんのルール］のもとで，太郎さんと花子さんの
　　2人がじゃんけんを1回行なうとき，太郎さんが勝つ確率を a，花子さん
　　が勝つ確率を b，あいこになる確率を c とすると，　│　ア　│　の関係が成り
　　立つ。

　　│　ア　│ の解答群

┌──┐
│ ⓪　$a = b = c$　　　①　$a = b > c$　　　②　$a = b < c$ │
│   │
│ ③　$a < b < c$　　　④　$a < c < b$　　　⑤　$c < a < b$ │
└──┘

(2) ［2人で行なうじゃんけんのルール］について，太郎さんと花子さんが考察している。

太郎：じゃんけんはどの手も同じ確率で出すかな。グー，パーは出しやすいけど，チョキは指の動きに変化があるから少し出しにくい気がするよ。チョキを出す確率を変えて考えてみよう。

花子：2人でじゃんけんをするなら，勝つ確率と負ける確率は同じになるね。だから，1人が勝つ確率はあいこになる確率を求めてから考えることもできるね。

┌─**2人で行なうじゃんけんの改ルール**────────

- 1回のじゃんけんで1人が出す手は「グー」「チョキ」「パー」のいずれかとする。
- 同じ手は「あいこ」とする。
- 「グー」は「チョキ」に勝ち「パー」に負ける。
- 「チョキ」は「パー」に勝ち「グー」に負ける。
- 「パー」は「グー」に勝ち「チョキ」に負ける。
- 1回のじゃんけんで1人が「グー」「パー」を出す確率はそれぞれ $\dfrac{2}{5}$，「チョキ」を出す確率は $\dfrac{1}{5}$ とする。

［2人で行なうじゃんけんの改ルール］のもとで，太郎さんと花子さんの2人がじゃんけんを1回行なうとき，太郎さんが勝つ確率を a，花子さんが勝つ確率を b，あいこになる確率を c とすると，│ **イ** │の関係が成り立つ。

│ **イ** │の解答群

⓪ $a=b=c$	① $a=b>c$	② $a=b<c$
③ $a<b<c$	④ $a<c<b$	⑤ $c<a<b$

［2人で行なうじゃんけんの改ルール］で確率を変数 p, q を用いて表してみる。

2人で行なうじゃんけんの改ルール2

- 1回のじゃんけんで1人が出す手は「グー」「チョキ」「パー」のいずれかとする。
- 同じ手は「あいこ」とする。
- 「グー」は「チョキ」に勝ち「パー」に負ける。
- 「チョキ」は「パー」に勝ち「グー」に負ける。
- 「パー」は「グー」に勝ち「チョキ」に負ける。
- 1回のじゃんけんで1人が「グー」「パー」を出す確率はそれぞれ p,「チョキ」を出す確率は q とする。ただし，$0 < p < \dfrac{1}{2}$

---

p と q の間には $\boxed{\text{ウ}} = 1$ が成り立つ。

このことに注意して，［2人で行なうじゃんけんの改ルール2］のもとで，太郎さんと花子さんの2人がじゃんけんを1回行なうとき，太郎さんが勝つ確率を p を用いて表すと

$$\boxed{\text{エオ}}\, p^2 + \boxed{\text{カ}}\, p$$

である。

$\boxed{\text{ウ}}$ の解答群

⓪ $p + q$	① $p + 2q$	② $2p + q$
③ $2p + 2q$	④ pq	⑤ $2pq$

(3) さらに，じゃんけんについて，太郎さんと花子さんが考察している。

太郎：じゃんけんの手はグー，チョキ，パーの3種類以外にも手があってもよさそうだね。

花子：指3本でミーっていう手を考えてみたんだけど，どうかな。

┌─ 2人で行なうじゃんけんの新ルール ─
- 1回のじゃんけんで1人が出す手は「グー」「チョキ」「パー」「ミー」のいずれかとする。
- 同じ手は「あいこ」とする。
- 「グー」は「チョキ」に勝ち「パー」「ミー」に負ける。
- 「チョキ」は「パー」に勝ち「グー」「ミー」に負ける。
- 「パー」は「グー」「ミー」に勝ち「チョキ」に負ける。
- 「ミー」は「グー」「チョキ」に勝ち「パー」に負ける。
- 1回のじゃんけんで1人が「グー」「パー」を出す確率は p，「チョキ」「ミー」を出す確率は q とする。ただし，$0 < p < \dfrac{1}{2}$ とする。

(i) p と q の間には $\boxed{\text{キ}} = 1$ が成り立つ。

このことに注意して，[2人のじゃんけんの新ルール] のもとで，太郎さんと花子さんの2人がじゃんけんを1回行なうとき，太郎さんが勝つ確率を p で表すと

$$\boxed{\text{クケ}}\, p^2 + p + \frac{\boxed{\text{コ}}}{\boxed{\text{サ}}}$$

である。

(ii) 確率 p を $0 < p < \dfrac{1}{2}$ で動かすとき，太郎さんが勝つ確率が最大となる

のは $p = \dfrac{\boxed{シ}}{\boxed{ス}}$ のときで，その最大値は $\dfrac{\boxed{セ}}{\boxed{ソ}}$ である。

(iii) $p = \dfrac{2}{5}$ のとき，花子さんが勝つという条件のもとで太郎さんが「ミー」

の手を出している確率は $\dfrac{\boxed{タ}}{\boxed{チツ}}$ である。

$\boxed{キ}$ の解答群

⓪ $p + q$	① $p + 2q$	② $2p + q$
③ $2p + 2q$	④ pq	⑤ $2pq$

第4問 （選択問題）（配点 20）

(1) $13x = 15y + 1$ を満たす自然数の組 (x, y) で x の値が最小になるものは

$$x = \boxed{\text{アイ}}, \quad y = \boxed{\text{イ}}$$

である。

また、m を整数として $13x = 15y + m$ を満たす整数 x, y は、整数 k を用いて

$$x = \boxed{\text{ウエ}}\,k + \boxed{\text{ア}}\,m, \quad y = \boxed{\text{オカ}}\,k + \boxed{\text{イ}}\,m$$

と表せる。

(2) 365 を 7 で割ると余りは $\boxed{\text{キ}}$ である。

このことに注意すると、日曜日の 365 日後は $\boxed{\text{ク}}$ である。

$\boxed{\text{ク}}$ の解答群

⓪ 日曜日	① 月曜日	② 火曜日	③ 水曜日
④ 木曜日	⑤ 金曜日	⑥ 土曜日	

(3) p を正の整数として、ある日の p の倍数日後のことを「p デー」と呼ぶことにする。

たとえば、3 デーはある日から 3 日後、6 日後、9 日後、…のことである。

次の⓪〜⑤のうち、365 デーについて正しく述べたものは $\boxed{\text{ケ}}$ である。

$\boxed{\text{ケ}}$ の解答群

⓪ 365 デーはある 2 つの曜日を繰り返す日である。

① 365 デーはある 3 つの曜日を繰り返す日である。

② 365 デーはある 4 つの曜日を繰り返す日である。

③ 365 デーはある 5 つの曜日を繰り返す日である。

④ 365 デーはある 6 つの曜日を繰り返す日である。

⑤ 365 デーはすべての曜日を繰り返す日である。

(4)

（ⅰ）　ある日曜日の 13 デーと 15 デーが同じ日になる最短の日は $\boxed{\ \text{コ}\ }$ である。

（ⅱ）　ある日曜日の 13 デーとその翌日の月曜日の 15 デーが同じ日になる最短の日は $\boxed{\ \text{サ}\ }$ である。

$\boxed{\ \text{コ}\ }$，$\boxed{\ \text{サ}\ }$ の解答群（同じものを繰り返し選んでもよい。）

⓪	日曜日	①	月曜日	②	火曜日	③	水曜日
④	木曜日	⑤	金曜日	⑥	土曜日		

(5)　m を自然数とする。

ある日曜日の 13 デーとその m 日後の 15 デーが同じ日になる最短の日が月曜日になる m は無数にある。そのうち，m の値が最も小さいものから順に 2 つあげると

$$m = \boxed{\ \text{シ}\ }, \boxed{\ \text{ス}\ }$$

である。

第5問 （選択問題）（配点 20）

　平面上に鋭角三角形△ABC があり，線分 AB を 3：2 に内分する点を D，線分 AC を 5：3 に内分する点を E とする。

　線分 BE と線分 CD の交点を P とし，直線 AP と辺 BC の交点を F とする。

(1) 線分の比

$$\frac{BF}{FC} = \frac{\boxed{アイ}}{\boxed{ウ}}, \quad \frac{DP}{PC} = \frac{\boxed{エ}}{\boxed{オ}}$$

である。

(2) 点 P が△ABC の内心であるならば，線分の比

$$\frac{AB}{AC} = \frac{\boxed{カキ}}{\boxed{ク}}$$

である。

　また，△ABC の重心を G とすると，点 G は $\boxed{ケ}$ にある。

$\boxed{ケ}$ の解答群

⓪　△PAB の内部	①　△PBC の内部	②　△PCA の内部

(3) 今度は点 P が △ABC の垂心であるとする。

このとき，4 個の四角形 ADFE，BDPF，CEPF，BCED のうち，円に内接しているものは　コ　個ある。

この円に着目すると，角の大小関係について

$$\angle \text{ABP} \boxed{\text{サ}} \angle \text{AFD}$$
$$\angle \text{ACP} \boxed{\text{シ}} \angle \text{AFE}$$
$$\angle \text{AFD} \boxed{\text{ス}} \angle \text{AFE}$$

である。

また，線分の比

$$\frac{\text{AB}}{\text{AC}} = \frac{\boxed{\text{セ}}}{\text{AD}}$$

であることから，辺の長さの 2 乗の比

$$\frac{\text{AB}^2}{\text{AC}^2} = \frac{\boxed{\text{ソタ}}}{\boxed{\text{チツ}}}$$

である。

角の大小関係について

$$\angle \text{ABC} \boxed{\text{テ}} \angle \text{ACB}$$

である。

　サ　，　シ　，　ス　，　テ　の解答群
（同じものを繰り返し選んでもよい。）

⓪ <	① =	② >

　セ　の解答群

⓪ AE	① BC	② BD
③ BE	④ CD	⑤ CE

70

予想問題
第3回

100点／70分

＊「第1問」「第2問」は必答です。
＊「第3問」「第4問」「第5問」は、いずれか2問を選択して解答してください。

〔1〕　a を実数とし，x の関数

$$f(x) = ax^2 - 2a^2 x + a^3 + 18a - 60$$

を考える。

これは，$f(x) = a(x - a)^2 + 18a - 60$

と変形できる。

(1)　$a = 0$ のとき，$f(x)$ は定数の関数 $f(x) = \boxed{\text{アイウ}}$ である。

$a \neq 0$ のとき，$f(x)$ は 2 次関数である。

とくに，$a = 5$ ならば，$f(x)$ は最小値 $\boxed{\text{エオ}}$ をとる。

(2)　すべての実数 x に対して $f(x) > 0$ であるための必要十分条件は

$$a > \dfrac{\boxed{\text{カキ}}}{\boxed{\text{ク}}}$$

である。

(3)　$a < 0$ であることは，すべての実数 x に対して $f(x) < 0$ であるための $\boxed{\text{ケ}}$。

$\boxed{\text{ケ}}$ の解答群

⓪　必要十分条件である

①　必要条件であるが，十分条件ではない

②　十分条件であるが，必要条件ではない

③　必要条件でも十分条件でもない

(4) $m - \dfrac{1}{2} < 2\sqrt{3} < m + \dfrac{1}{2}$ を満たす整数 m は $\boxed{\text{コ}}$ である。

　このことから，$a = 2\sqrt{3}$ ならば，$f(3)$, $f(4)$, $f(5)$ の大小関係は

$\boxed{\text{サ}}$ である。

$\boxed{\text{サ}}$ の解答群

⓪	$f(3) < f(4) < f(5)$	①	$f(3) < f(5) < f(4)$
②	$f(4) < f(3) < f(5)$	③	$f(4) < f(5) < f(3)$
④	$f(5) < f(3) < f(4)$	⑤	$f(5) < f(4) < f(3)$

問題編

2021年（第1日程）　予想問題・第1回　予想問題・第2回　予想問題・第3回

〔2〕

(1) 1辺の長さが a の正三角形の面積は $\dfrac{\sqrt{\boxed{シ}}}{\boxed{ス}} a^2$ である。

(2) 線分 AB を 3 等分する点を点 A に近いほうから C, D とする。そして, △CDE が正三角形になるように点 E をとる。

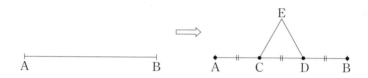

AB＝1 のとき △CDE の面積は $\dfrac{\sqrt{\boxed{セ}}}{\boxed{ソタ}}$ である。

また, 線分 AE の長さは AE＝$\dfrac{\sqrt{\boxed{チ}}}{\boxed{ツ}}$ である。

(3)　1辺の長さが1の正三角形 P がある。この正三角形の各辺を3等分し，分けられた3つの線分のうち中央の線分に，その線分を1辺とする正三角形を P の外側に追加して，12個の頂点をもつ多角形 Q をつくる。

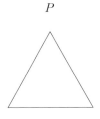

P

Q

多角形 Q の周の長さは $\boxed{\text{テ}}$ である。

また，多角形 Q の面積は $\dfrac{\boxed{\text{ト}}}{\boxed{\text{ナ}}}$ である。

(4) 多角形 Q の各辺を 3 等分し，分けられた 3 つの線分のうち中央の線分に，その線分を 1 辺とする正三角形を Q の外側に追加して，48 個の頂点をもつ多角形 R をつくる。

Q

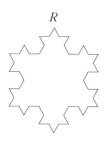

R

多角形 R の周の長さは $\dfrac{\boxed{ニ}\boxed{ヌ}}{\boxed{ネ}}$ である。

また，多角形 R の面積は $\dfrac{\boxed{ノ}\boxed{ハ}\sqrt{\boxed{ヒ}}}{\boxed{フ}\boxed{ヘ}}$ である。

多角形 R の 48 個の頂点のうちから 2 点を結ぶ線分の中で，最も長い線分の長さは $\boxed{ホ}$ である。

$\boxed{ホ}$ の解答群

⓪ $\dfrac{2}{\sqrt{3}}$ ① $\dfrac{1+\sqrt{2}}{2}$ ② $\dfrac{1+\sqrt{3}}{2}$ ③ $\sqrt{2}$

④ $\dfrac{3}{2}$ ⑤ $\dfrac{1+\sqrt{5}}{2}$ ⑥ $\sqrt{3}$ ⑦ $\dfrac{3}{\sqrt{2}}$

第2問 （必答問題）（配点 30）

〔1〕 GB（ギガバイト），MB（メガバイト）とはデータの容量を表す単位で，1 GB＝1000MB である。

　太郎さんは通学中など外出先でスマートフォンを見ることが多いのだが，最近使いすぎているのではないかと思うようになり，確認してみると最もデータの容量を使うのが，動画を見ることであった。とくに高画質モードで見るとデータの容量を多く使っていた。

　太郎さんの契約している通信会社で，動画を見るためのデータの容量の目安は次のようになる。

項目	1分あたりのデータの容量
標準画質動画の閲覧	4 MB
高画質動画の閲覧	12 MB

　この目安が正しいとすると，1日に動画を2時間，30日間毎日見るとき，すべて標準画質動画で見た場合のデータの容量は アイ ． ウ GB であり，すべて高画質動画で見た場合のデータの容量は エオ ． カ GB である。

　太郎さんが1か月で使えるデータの容量が20GBなので，動画を見る時間を減らして，通信制限がかかってしまわないように，1か月で使うデータの容量の予定を次のように立てた。

┌─ 太郎さんメモ ─────────────┐
- 1か月で使えるデータの容量は 20 GB である。
- 動画を見ること以外のデータの容量は 3.2 GB とする。
- 1か月で合計 30 時間の動画を見ることにする。
└───────────────────────┘

これをもとに，なるべく高画質で動画を見る時間を考えた。

ここでは1か月を30日とし，77ページの目安の表が正しいとする。

1か月の標準画質動画の閲覧時間を a 分，高画質動画の閲覧時間を b 分とすると，1か月のデータの容量は $\boxed{キ}$ MB であるから

$$\boxed{キ} \leqq \boxed{ク}$$

である。

1か月で見る動画の合計時間から

$$a + b = \boxed{ケ}$$

である。

これらのことから，1か月で高画質動画は最大 $\boxed{コサ}$ 時間見ることができる。

$\boxed{キ}$ の解答群

⓪ $\dfrac{a + 3b}{60}$	① $\dfrac{a + 3b}{15}$	② $a + 3b$
③ $4a + 12b$	④ $60(a + 3b)$	⑤ $60(4a + 12b)$

$\boxed{ク}$ ，$\boxed{ケ}$ の解答群（同じものを繰り返し選んでもよい。）

⓪ 5	① 16.8	② 20	③ 30	④ 1680
⑤ 1800	⑥ 2000	⑦ 16800	⑧ 18000	⑨ 20000

〔2〕 P高校の50名（男子30名，女子20名）に1日にスマートフォンなどでインターネットに接続する時間（分）の調査をしたところ，男子30名については平均値が130で分散が350，女子20名については平均値が105で分散が1350であった。

　　男女合わせた50名の平均値と標準偏差を求めてみよう。

(1) 男女合わせた50名の平均値は $\boxed{シスセ}$ である。

(2) 一般に変量 x の n 個のデータの値が $x_1, x_2, \cdots, x_n$ である場合について，平均値を $\overline{x}$ とすると

$$\overline{x} = \frac{x_1 + x_2 + \cdots + x_n}{n}$$

と表せる。

　　さらに，分散は偏差の2乗の平均であるから

$$\frac{(x_1 - \overline{x})^2 + (x_2 - \overline{x})^2 + \cdots + (x_n - \overline{x})^2}{n} = \boxed{ソ}$$

と表せる。

　　ただし，$\overline{x^2}$ とは，変量 x の n 個のデータの値を2乗した値 $(x_1)^2$, $(x_2)^2, \cdots, (x_n)^2$ の平均値のことで

$$\overline{x^2} = \frac{(x_1)^2 + (x_2)^2 + \cdots + (x_n)^2}{n}$$

である。

$\boxed{ソ}$ の解答群

⓪ $\overline{x^2} - 2\overline{x}$	① $\overline{x^2} - (\overline{x})^2$
② $2\overline{x^2} - (\overline{x})^2$	③ $\overline{x^2} - 2(\overline{x})^2$

(3) 男子 30 名のインターネット接続時間(分)の 2 乗の平均値は | タ | である。

また，女子 20 名のインターネット接続時間(分)の 2 乗の平均値は | チ | である。

| タ |，| チ | の解答群（同じものを繰り返し選んでもよい。）

⓪ 610	① 1560	② 8625	③ 11375	④ 12375
⑤ 14750	⑥ 15750	⑦ 17250	⑧ 18250	⑨ 34150

(4) 男女合わせた 50 名の標準偏差を求めると | ツテ | である。

〔3〕 2つの変量 x, y の値が5組ある4つの場合 A, B, C, D を考える。それぞれの5つの組 (x, y) と散布図は次のようになる。

A

x	y
1	2
2	3
3	4
4	5
5	6

B

x	y
1	3
2	5
3	7
4	9
5	11

C

x	y
1	11
2	9
3	7
4	5
5	3

D

x	y
1	11
2	8
3	7
4	8
5	11

散布図上の点について，次のような特徴がある。

特 徴
- A の5つの点はすべて直線 $y = x + 1$ 上にある。
- B の5つの点はすべて直線 $y = 2x + 1$ 上にある。
- C の5つの点はすべて直線 $y = -2x + 13$ 上にある。
- D の5つの点はすべて放物線 $y = (x - 3)^2 + 7$ 上にある。
- 変量 x については5つの値はいずれも同じで平均値は3，分散は2である。

問題編

2021年（第1日程）

予想問題・第1回

予想問題・第2回

予想問題・第3回

(1) A, B, C, D の変量 y の 5 つの値について

　　平均値が最も大きいのは $\boxed{\text{ト}}$ である。

　　分散が最も小さいのは $\boxed{\text{ナ}}$ である。

$\boxed{\text{ト}}$, $\boxed{\text{ナ}}$ の解答群（同じものを繰り返し選んでもよい。）

⓪ A	① B	② C	③ D

(2) D について，共分散は $\boxed{\text{ニ}}$ である。

$\boxed{\text{ニ}}$ の解答群

⓪ -2	① -1	② -0.5	③ -0.4
④ 0	⑤ 0.5	⑥ 1	⑦ 2

(3) 次の⓪〜⑥のうち，相関について正しく述べたものは $\boxed{\text{ヌ}}$ と $\boxed{\text{ネ}}$ である。

$\boxed{\text{ヌ}}$, $\boxed{\text{ネ}}$ の解答群

⓪ A, B, C, D のいずれにも負の相関がみられる。

① A, B, C, D のいずれにも正の相関がみられる。

② A, B, C, D のうち最も相関が強いのは D である。

③ A, B, C, D のうち最も相関が弱いのは D である。

④ A の相関係数は B の相関係数より大きい。

⑤ A と B の相関係数は等しい。

⑥ B と C の相関係数は等しい。

第3問 （選択問題）（配点 20）

病気Cについて，陽性か陰性かを判定する検査法Qがある。判定結果が陽性の場合は病気Cに感染していることを示し，陰性の場合は病気Cに感染していないことを示す。

判定結果は陽性あるいは陰性のいずれか一方のみとする。

この検査法について，次のことが成り立つとする。

病気Cに感染している人に検査法Qを適用すると90%の確率で陽性と判定される。

病気Cに感染していない人に検査法Qを適用すると5%の確率で誤って陽性と判定される。

ある都市全体で病気Cに感染している人が全体の1%であるとする。

この都市から1人を無作為に選んで検査法Qを適用する試行を考える。

「病気Cに感染している」事象をA，「正しく判定される」事象をBとし，「病気Cに感染していない」事象を$\overline{A}$，「誤って判定される」事象を$\overline{B}$とする。

(1) この試行において，病気Cに感染している確率は$P(A) = \dfrac{1}{100}$であるから，

病気Cに感染していない確率は$P(\overline{A}) = \dfrac{\boxed{アイ}}{100}$より$\boxed{アイ}$%である。

病気Cに感染していない人に，検査法Qを適用すると陰性と判定される確率は$\boxed{ウエ}$%である。

問題編

2021年（第1日程）　予想問題・第1回　予想問題・第2回　予想問題・第3回

(2) 病気Cに感染している人が陽性と判定される確率は

$$P(A \cap B) = \boxed{\text{オ}} = \frac{\boxed{\text{カ}}}{1000} \text{ より } 0.\boxed{\text{カ}} \text{ %である。}$$

$\boxed{\text{オ}}$ の解答群

⓪ $P(A) \times P(B)$	① $P(A) + P(B)$
② $P(A) \times P_A(B)$	③ $P(A) + P_A(B)$

(3) ・陽性と判定される確率は

$$P(A \cap B) + \boxed{\text{キ}} \text{ より } \boxed{\text{ク}} . \boxed{\text{ケコ}} \text{ %}$$

・判定が正しい確率は

$$P(B) = P(A \cap B) + \boxed{\text{サ}} \text{ より } \boxed{\text{シス}} . \boxed{\text{セソ}} \text{ %}$$

$\boxed{\text{キ}}$, $\boxed{\text{サ}}$ の解答群

⓪ $P(A \cap \overline{B})$	① $P(\overline{A} \cap B)$	② $P(\overline{A} \cap \overline{B})$

(4) 無作為に選んだ1人に検査法Qを適用して陽性だと判定されたときに，ほんとうに病気Cに感染している確率は約 $\boxed{\text{タ}}$ %である。

$\boxed{\text{タ}}$ の解答群

⓪ 5	① 10	② 15
③ 20	④ 25	⑤ 30

(5)　発熱が続く有症状者が病気 C に感染している確率が a ％であるとする。

　発熱が続く有症状者の中から 1 人を無作為に選んで検査法 Q を適用して陽性だと判定されたときに，ほんとうに病気 C に感染している確率は a を用いて表すと $\dfrac{\boxed{チツ}\,a}{\boxed{テト}\,a + 100}$ である。

(6)　発熱の有症状者の中から 1 人を無作為に選んで検査法 Q を適用して陽性だと判定されたときに，ほんとうに病気 C に感染している確率が 90 ％であるとする。このとき，発熱が続く有症状者が病気 C に感染している確率は約 $\boxed{ナ}$ ％である。

$\boxed{ナ}$ の解答群

⓪　11	①　22	②　33	③　44	④　55
⑤　66	⑥　77	⑦　88	⑧　99	

第4問 （選択問題）（配点 20）

(1) $\dfrac{x}{2} + \dfrac{y}{3} = \dfrac{5}{6}$ を満たす整数の組 (x, y) のうち x が 1 桁の自然数となるも

のは $\boxed{}$ 組あり，そのうち x の値が最も大きい組は

$$(x, y) = \left(\boxed{}, \boxed{}\right)$$

である。

(2) a を整数とする。$\dfrac{x}{2} + \dfrac{y}{3} = a$ を満たす整数の組 (x, y) について，

y は $\boxed{}$ の倍数であり，整数 k を用いて

$$x = \boxed{}\,a - \boxed{}\,k, \quad y = \boxed{}\,k$$

と表せる。

(3) b を整数とする。$\dfrac{x}{2} + \dfrac{y}{3} + \dfrac{z}{6} = b$ を満たす整数の組 (x, y, z) は $\boxed{}$。

$\boxed{}$ の解答群

⓪ b がどのような整数の値でも存在しない

① b がどのような整数の値でも 1 組だけ存在する

② b がどのような整数の値でも無数に存在する

③ b がある整数の値ならば 1 組だけ存在する

④ b がある整数の値ならば無数に存在する

---

(4) $pq - 4p - 2q = \left(p - \boxed{}\right)\left(q - \boxed{}\right) - \boxed{}$

と変形できる。

このことに注意して，$\dfrac{2}{p} + \dfrac{4}{q} = 1$ を満たす整数の組 (p, q) は $\boxed{}$ 組

あることがわかる。

そのうち，p が最大になるのは $(p, q) = \left(\boxed{}, \boxed{}\right)$ である。

(5) a, p, q, x, y はすべて整数とし

$$\frac{x}{p} + \frac{y}{q} = a$$

とおく。

変形すると，$qx + py = apq$ となることから，qx は $\boxed{\text{チ}}$ の倍数である。

x と $\boxed{\text{チ}}$ が互いに素（最大公約数が 1）であるならば $\boxed{\text{ツ}}$ は $\boxed{\text{チ}}$ の倍数となる。

また，py は $\boxed{\text{テ}}$ の倍数である。

y と $\boxed{\text{テ}}$ が互いに素であるならば $\boxed{\text{ト}}$ は $\boxed{\text{テ}}$ の倍数となる。

$\boxed{\text{チ}}$, $\boxed{\text{ツ}}$, $\boxed{\text{テ}}$, $\boxed{\text{ト}}$ の解答群
（同じものを繰り返し選んでもよい。）

⓪ a	① p	② q	③ pq

(6) $\dfrac{x}{p}$ と $\dfrac{y}{q}$ は分母が異なる既約分数とする。

つまり，p, q, x, y はすべて整数とし，p と q は異なる自然数，x と p および y と q はそれぞれ互いに素であるとする。

このとき，(5)であることに注意して，$\dfrac{x}{p} + \dfrac{y}{q}$ の値が整数であるような組 (p, q, x, y) は $\boxed{\text{ナ}}$ 。

$\boxed{\text{ナ}}$ の解答群

- ⓪ どのような整数の値に対しても存在しない
- ① どのような整数の値に対しても 1 組だけ存在する
- ② どのような整数の値に対しても無数に存在する
- ③ ある整数の値に対してのみ 1 組だけ存在する
- ④ ある整数の値に対してのみ無数に存在する

第5問 （選択問題）（配点 20）

△ABC があり, 3 つの線分 BC, CA, AB の垂直二等分線をそれぞれ ℓ, m, n とする。ℓ, m, n 上をそれぞれ点 P, Q, R が動くとする。

(1) 3 点 P, Q, R が一致する点を X とすると, 点 X は △ABC の $\boxed{\quad ア \quad}$ である。

とくに, $\angle$BAC $= 90°$ ならば, 点 X は $\boxed{\quad イ \quad}$ に存在する。

また, 辺 BC と直線 ℓ の交点を P_0, 辺 CA と直線 m の交点を Q_0, 辺 AB と直線 n の交点を R_0 とするとき, 3 つの線分 AP_0, BQ_0, CR_0 は 1 点 Y で交わる。

この点 Y は △ABC の $\boxed{\quad ウ \quad}$ である。

$\boxed{\quad ア \quad}$, $\boxed{\quad ウ \quad}$ の解答群

⓪ 外心	① 内心	② 垂心	③ 重心

$\boxed{\quad イ \quad}$ の解答群

⓪ △ABC の内部

① △ABC の外部

② △ABC の周上（頂点を除く）

③ △ABC の頂点

88

このことについて太郎さんと花子さんが考察している。

太郎：点 X と点 Y が一致することはあるかな。
花子：AB ＝ AC ならば直線 ℓ は点 A を通るからありそうだ。

　次の(Ⅰ), (Ⅱ), (Ⅲ)は点 X と点 Y が一致するかについての記述である。

(Ⅰ)　△ABC が二等辺三角形ならば，つねに点 X と点 Y は一致する。

(Ⅱ)　△ABC が正三角形ならば，つねに点 X と点 Y は一致する。

(Ⅲ)　△ABC が直角二等辺三角形ならば，つねに点 X と点 Y は一致する。

　(Ⅰ), (Ⅱ), (Ⅲ)の正誤の組合せとして正しいものは ┃ エ ┃ である。

┃ エ ┃ の解答群

	⓪	①	②	③	④	⑤	⑥	⑦
(Ⅰ)	正	正	正	正	誤	誤	誤	誤
(Ⅱ)	正	正	誤	誤	正	正	誤	誤
(Ⅲ)	正	誤	正	誤	正	誤	正	誤

問題編

2021年(第1日程)　予想問題・第1回　予想問題・第2回　予想問題・第3回

(2) 点 P, Q, R が △ABC の外部にあるとし，線分 AP と線分 BC の交点を D，線分 BQ と線分 CA の交点を E，線分 CR と線分 AB の交点を F とする。

△ABC の 3 つの内角を ∠BAC = A, ∠ABC = B, ∠BCA = C とし，∠PBC = ∠PCB = ∠QCA = ∠QAC = ∠RAB = ∠RBA = θ とおく。

△ARC と △BRC の面積比の関係から

$$\frac{\text{AF}}{\boxed{\text{オ}}} = \frac{\boxed{\text{カ}}}{\boxed{\text{キ}}} \frac{\sin(A+\theta)}{\sin(B+\theta)} \quad \cdots\cdots①$$

である。

同様に △APB と △APC，△BQC と △BQA で面積比の関係を考えると

$$\frac{\text{BD}}{\boxed{\text{ク}}} = \frac{\boxed{\text{ケ}}}{\boxed{\text{コ}}} \frac{\sin(B+\theta)}{\sin(C+\theta)} \quad \cdots\cdots②$$

$$\frac{\text{EC}}{\boxed{\text{サ}}} = \frac{\boxed{\text{シ}}}{\boxed{\text{ス}}} \frac{\sin(C+\theta)}{\sin(A+\theta)} \quad \cdots\cdots③$$

である。

①，②，③より

$$\frac{\text{AF}}{\boxed{\text{オ}}} \cdot \frac{\text{BD}}{\boxed{\text{ク}}} \cdot \frac{\text{EC}}{\boxed{\text{サ}}} = \boxed{\text{セ}}$$

が成り立つ。

$\boxed{\text{オ}} \sim \boxed{\text{ス}}$ の解答群（同じものを繰り返し選んでもよい。）

⓪ AB	① AC	② AE	③ AQ	④ BC
⑤ BF	⑥ BR	⑦ CD	⑧ CP	⑨ CQ

(3) 太郎さんと花子さんが次のように考察している。

> 太郎：平面上で平行でない2本の直線が交わるのはわかるけど，互い
>   に平行でない3本の直線が1点で交わるのはおもしろい性質だ
>   ね。
> 花子：3本の直線 AP，BQ，CR はその性質をもちそうだ。有名な定
>   理を考えると1点で交わりそうだね。

　3点 P，Q，R は △ABC の外部にある点とする。このとき，次の(I)，(II)，(III)は3本の直線 AP，BQ，CR がどのような場合に1点で交わるかについて記述したものである。

(I)　3つの三角形 △PBC，△QCA，△RAB が相似な二等辺三角形ならば，つねに3本の直線 AP，BQ，CR は1点で交わる。

(II)　3つの三角形 △PBC，△QCA，△RAB がどのような二等辺三角形でも，つねに3本の直線 AP，BQ，CR は1点で交わる。

(III)　△ABC が正三角形ならば，3点 P，Q，R をどのようにとっても，3本の直線 AP，BQ，CR は1点で交わる。

(I)，(II)，(III)の正誤の組合せとして正しいものは ソ である。

ソ の解答群

	⓪	①	②	③	④	⑤	⑥	⑦
(I)	正	正	正	正	誤	誤	誤	誤
(II)	正	正	誤	誤	正	正	誤	誤
(III)	正	誤	正	誤	正	誤	正	誤

MEMO

MEMO

MEMO

MEMO